BASIC MASTER SERIES 539

はじめての
Windows11
Copilot+PC

［著］Studio ノマド

■本書で使用している機材・ツールについて
本書は、一般的に利用されているスマートフォン・タブレット・パソコンを想定し手順解説をしています。使用している画面や機能の内容は、それぞれのスマートフォン・タブレット・パソコンの仕様により一部異なる場合があります。各スマートフォン・タブレット・パソコンの固有の機能については、各スマートフォン・タブレット・パソコン付属の取扱説明書またはオンラインマニュアル等を参考にしてください。

■本書の執筆・編集にあたり、下記のソフトウェアを使用しました
Windows11 Copilot+PC（NPU搭載パソコン専用）

パソコンによっては、同じ操作をしても掲載画面とイメージが異なる場合があります。しかし、機能や操作に相違ありませんので問題なく読み進められます。また、各種アプリの場合は、随時アップデートされ内容が更新されますので、掲載内容や画面と実際の画面や機能に違いが生じる場合があります。

■ご注意
(1)本書は著者が独自に調査をした結果を出版したものです。
(2)本書は内容について万全を期して作成いたしましたが、万一、ご不備な点や誤り、記載漏れなどお気づきの点がございましたら、弊社まで書面もしくはメール等でご連絡ください。
(3)本書の内容に基づいて利用した結果の影響については、上記2項にかかわらず責任を負いかねますのでご了承ください。
(4)本書の全部、または、一部について、出版元から文書による許諾を得ずに複製することは禁じられております。
(5)本書で掲載しているサンプル画面は、手順解説することを主目的としたものです。よって、サンプル画面の内容は、編集部および著者が作成したものであり、全てはフィクションという前提ですので、実在する団体・個人および名称とはなんら関係がありません。
(6)本書の無料特典は、ご購読者に向けたサービスのため、図書館などの貸し出しサービスをご利用の場合は、無料のサンプルデータや電子書籍やサポートへのご質問などはご利用できませんのでご注意ください。
(7)本書の掲載内容に関するお問い合わせやご質問などは、弊社サービスセンターにて受け付けておりますが、本書の奥付に記載されていた初版発行日から2年を経過した場合、または、掲載した製品やサービスがアップデートされたり、提供会社がサポートを終了した場合は、ご回答はできませんので、ご了承ください。また、本書に掲載している以外のご質問については、サポート外になるために回答はできません。
(8)商標
　Windows11およびCopilot+PCは、米国Microsoft Corporation.の米国およびその他の国における登録商標また商標です。
　iOSはApple. Incの登録商標です。
　AndroidはGoogle LLCの登録商標です。
　その他、CPU、アプリ名、企業名、サービス名等は一般に各メーカー・企業の商標または登録商標です。
　なお本文中ではTMおよび®マークは明記していません。本書の中では通称もしくはその他の名称を掲載していることがありますのでご了承ください。

はじめに

　ChatGPTによって、生成AIの時代が幕を開けました。さまざまな生成AIが群雄割拠している中で、それぞれの"できること"に一喜一憂しています。この状況は、iPhone 3Gによって始まったスマートフォンの覇権争いに似ています。当時のiPhoneは、まだコピー＆ペーストですら新機能のひとつとして扱われるほど不安定なモノでした。ストレージは最大16GB、カメラも背面だけで、動画は撮影できず、画素数は200万画素。それでも、iPhoneがリリースされるたびに成し遂げられる技術のひとつひとつに拍手喝采を送り、「未来が来た」ことを実感していました。そして、気が付くとスマートフォンは、生活に欠かせない最も重要なインフラになっていました。

　2024年10月現在、ChatGPTを中心として、生成AIの利用者が急激に増えてきましたが、生活や業務に根差した形で利用している人はまだほんのわずかです。それは、生成AIがインターネット上にあり、ユーザーから利用しに行かなければならないことと、時間帯によってはアクセスが集中しレスポンスに時間がかかることに原因があります。これでは、どうしても"サービスを利用している"感じが抜けず、インフラになりにくいのです。

　Microsoftは、生成AIを身近でインフラのような存在にするには、生成AIがパソコン上に常駐し、インターネット接続がなくても処理が可能な環境が必要と考えました。そこで誕生したのが「Copilot+PC」です。Copilot+PCは、1秒間に40兆以上の操作を実行できるNPUを搭載し、Microsoftの生成AIの「Microsoft Copilot」が常駐しているパソコンです。生成AI処理のためにインターネットにアクセスする必要なく、パソコンの閉じた環境の中で処理が実行されるため、省電力で高速なMicrosoft Copilotの利用を可能にしています。また、コクリエイターやライブキャプション、リコールなどの独自機能を利用できるのも大きな魅力です。

　本書では、次世代のパソコン「Copilot+PC」の概要や機能を紹介しながら、Microsoft Copilotについて深く掘り下げる内容となっています。生成AIについて、つかみ切れていないユーザー、何でもAI頼みになるのではないかと猜疑心や抵抗感を得ている人もいることでしょう。そんなユーザーのために、図やイラストを使って、概念や概要を丁寧に解説し、図で手順を追って詳しく説明しています。本書が、これからやってくるAI時代の手引きとなれば幸甚です。

2024年11月
Studio ノマド

本書の使い方

- 本書では、初めてCopilot+PCを使う方や、いままでCopilot+PCを使ってきた方を対象に、Copilot+PCの基本的な操作方法から、Copilot+PCを使いこなすための様々な便利技や裏技など、一連の流れを理解しやすいように図解しています。
- Copilot+PCの機能の中で、頻繁に使う機能はもれなく解説し、本書さえあればCopilot+PCのすべてが使いこなせるようになります。特に、速度アップが期待できる裏技など役に立つ操作は、豊富なコラムで解説していて、格段に理解力がアップするようになっています
- NPU搭載の最新パソコンに完全対応しているので、いろんなシーンでCopilot+PCを活用することができます

紙面の構成

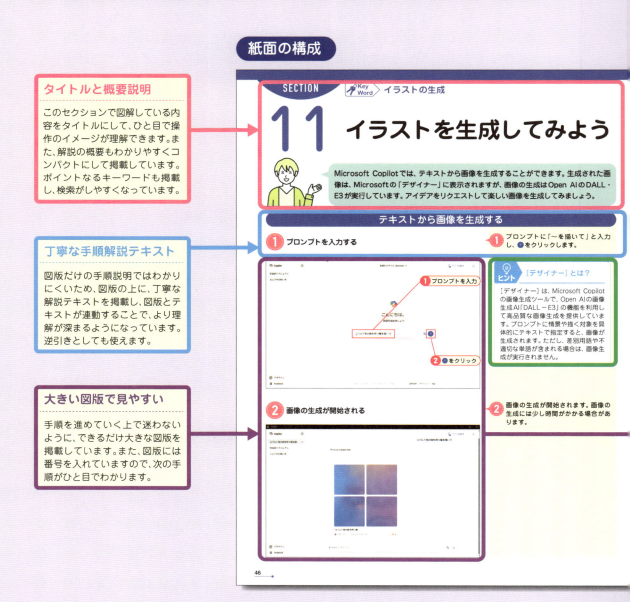

本書で学ぶための3ステップ

STEP1 Copilot+PCの基礎知識が身に付く
本書は大きな図版を使用しており、ひと目で手順の流れがイメージできるようになっています

STEP2 解説の通りにやって楽しむ
本書は、知識ゼロからでも操作が覚えられるように、大きい手順番号の通りに迷わず進めて行けます

STEP3 やりたいことを見つける逆引きとして使ってみる
ひと通り操作手順を覚えたら、デスクのそばに置いて、やりたい操作を調べる時に活用できます。また、豊富なコラムが、レベルアップに大いに役立ちます

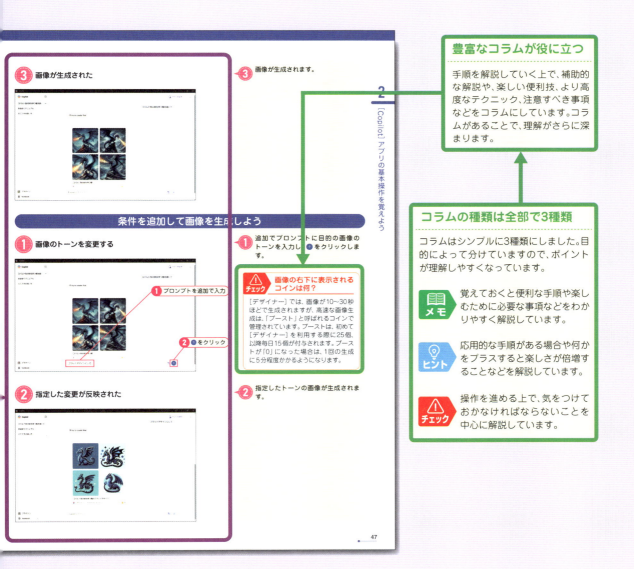

CONTENTS

はじめに …………………………………………………………………… 3
本書の使い方 ……………………………………………………………… 4

1章　Copilot+PCって何？　　　　　　　　　　　　　13

01 ● Copilot+PCとは ……………………………………………… 14
Copilot+PCって何？
NPUは生成AIのためのプロセッサ
NPU搭載のメリット
NPUとCPUとGPUの違い
Microsoft CopilotはMicrosoftの生成AI
Copilot+PCの機能

02 ● Microsoft Copilotって何？ ……………………………… 18
そもそも生成AIって何？
生成AIの種類
Microsoft Copilotはどんな生成AI？
CopilotとChatGPTの関係

03 ● Copilot+PCで何が変わる？ ……………………………… 22
パソコンに求められるのは"賢さ"
Copilot+PCはユーザーのパートナーになる
Copilot+PCを使うメリット

04 ● Copilot+PCの独自機能を使ってみよう ………………… 24
手書きの絵からイラストを描き起こせる「コクリエイター」
Windows Studioエフェクトでビデオ通話の映りを補正しよう
イメージ通りの画像を生成してみよう
写真からイラストを作ってみよう
動画にリアルタイムで字幕を付けよう

05 • Microsoft 365と連携できる ······························26

Microsoft 365にもMicrosoft Copilotがやってきた
ExcelでMicrosoft Copilotを利用する
WordでMicrosoft Copilotを利用する
PowerPointでMicrosoft Copilotを利用する
OutlookでMicrosoft Copilotを利用する

2章　[Copilot] アプリの基本操作を覚えよう　　31

06 • [Copilot] アプリを起動しよう ·······················32

[Copilot] キーを使って [Copilot] アプリを起動する
[Copilot] アプリの画面構成

07 • Copilotに質問してみよう ·····························36

Copilotに質問しよう
質問を追加しよう
情報元のWebサイトを確認しよう
新しい会話を作成する

08 • 会話を管理しよう ····································40

過去の会話を再表示する
会話の名前を変更する
会話の履歴を削除する

09 • 音声で質問してみよう ·······························43

音声で質問を入力する

10 • 画像を使って質問してみよう ·······················44

画像を添付して質問する

11 • イラストを生成してみよう ·······················46

テキストから画像を生成する
条件を追加して画像を生成しよう

生成した画像を保存しよう

12 ● 会話のスタイルを指定しよう ···································· 50
物語を生成してみよう
レポートを生成してみよう
レポートを表にまとめよう

13 ● Copilot との会話を活用しよう ································· 54
会話全体の内容を Word に書き出す
会話の内容を SNS に投稿する

3章　EdgeでCopilotを使ってみよう　　59

14 ● Copilot in Edge とは ·· 60
Copilot in Edge で Web サイトを活用しよう
Copilot in Edge の画面構成

15 ● Microsoft Copilot になんでも聞いてみよう ··············· 62
Copilot に質問してみよう
回答を Word に書き出す
欲しいデータを抽出してもらおう

16 ● Web ページの内容を活用しよう ···························· 66
Web ページの内容を要約しよう
SNS に投稿する Web ページの紹介文を生成しよう

17 ● PDF の内容を要約しよう ·································· 68
PDF の内容を要約する
PDF の重要な分析情報を生成しよう

18 ● Copilot を辞書代わりに使おう ···························· 70
単語の意味を調べよう
写真に映り込んだ文字の意味を調べてみよう

19 • YouTubeの動画の要約しよう ·············· 73

YouTubeの動画のハイライトを生成する
気になるシーンにジャンプする

20 • 文書を作成してみよう ·············· 75

ビジネスメールを作成しよう
目次案を作成してみよう
ブログの下書きを生成して投稿しよう

21 • 画像を生成してみよう ·············· 79

テキストから画像を生成しよう
絵画を別のトーンで描き直してみよう

22 • プラグインを使って適切な情報をゲットしよう ·············· 83

レシピのプラグインでレシピを生成しよう
旅行のツアーを探してもらおう

4章　Copilot+PCの便利な機能を使いこなそう　87

23 • Copilot+PCならではの機能を使ってみよう ·············· 88

手書きの絵からイラストを描き起こそう
イメージ通りの画像を生成してみよう
ビデオ通話の映りを補正しよう
動画にリアルタイムで字幕を付けよう

24 • 手書きの絵からイラストを生成しよう ·············· 90

手書きの絵からイラストを描き起こせる「コクリエイター」
コクリエイターを使うための準備をする
手書きの絵からイラストを描き起こす
写真を基に楽しい画像を描き起こそう

25 • 思い通りの画像を生成しよう ·············· 98

［イメージクリエイター］で自由に画像を生成しよう

[リスタイル] 機能で既存の写真を加工してみよう
提示されたアイデアから画像を生成する
テキストから画像を生成してみよう
写真のスタイルを変えて画像を生成する

26 ● リモート会議での映りを良くしよう ･･････････････････････････ 105

Windows Studio エフェクトってなに？
ビデオ通話の映り方を設定する
常にカメラ目線を維持するように設定する
常に自分が画面の中央に映るように設定する

27 ● 動画にリアルタイムで字幕をつけよう ･････････････････････ 110

ライブキャプションとは
ライブキャプションを有効にする
キャプションの言語を日本語に設定する
動画にキャプションを表示させよう
通話を英語に翻訳してもらおう

5章　Microsoft 365で Microsoft Copilotを使ってみよう　117

28 ● Copilot Proとは ･･･ 118

Copilot Proとは
Copilot Proと無料のMicrosoft Copilotの違い
Copilot ProとCopilot for Microsoft 365の違い

29 ● Copilot Proを導入する ･････････････････････････････････ 120

Copilot Proに加入する

30 ● ExcelでMicrosoft Copilotを使ってみよう ･････････････ 122

Microsoft Copilotを利用する準備をする
特定の項目のレコードを非表示にする
特定のデータを強調しよう

データを並べ替えてみよう

特定のキーワードを含むレコードを抽出する

特定の項目の値を集計する

商品の合計値が表示された列を追加する

データからグラフを生成しよう

31 ● WordでMicrosoft Copilotを使ってみよう ･････････････････････ 132

文書の下書きを作ってもらおう

長い文書を要約してみよう

修正案を提示してもらおう

箇条書きを表にしてみよう

32 ● PowerPointでMicrosoft Copilotを使ってみよう ････････････ 137

プレゼンテーションの下書きを生成する

スライドの画像を差し替える

33 ● OutlookでMicrosoft Copilotを使ってみよう ･･･････････････ 142

メールを要約してもらおう

新規メールを生成してもらおう

メールへのアドバイスをもらおう

6章　Microsoft Copilotを 毎日のビジネスに応用する　147

34 ● プロンプトこそがCopilot活用のカギ ･････････････････････ 148

プロンプトの書き方を学ぼう

プロンプトの重要性

Microsoft Copilotをアシスタントとして扱おう

精度の高いコンテンツを生成させるためのテクニック

プロンプトの書き方を知っておこう

35 ● 検索のためのプロンプトのコツ ･･･････････････････････ 152

スマートフォン市場の動向をレポート

11

商品のランキングからトレンドを探る
今後必要とされる人材やスキルを占おう
面接の質問とその回答を想定してもらう
法律のことはMicrosoft Copilotで確認しよう

36 ● 画像生成のためのプロンプトのコツ ………………………… 156
Webサイトのバナーを作ろう
ブログのイメージ画像を描いてもらおう
ブランドや企業のロゴを作ってもらおう
イベントのポスターのたたき台を描いてもらおう

37 ● Excelで使えるプロンプトのテクニック ………………… 158
住所録の名前にフリガナを表示させよう
都道府県と市区町村、番地のデータを結合する
データをピボットテーブルで分析しよう

38 ● Wordで使えるプロンプトのテクニック ………………… 162
企画書の下書きを生成しよう
文書はポイントと文字数を絞って要約しよう
サンプルテキストを作ってもらおう

39 ● PowerPointで使えるプロンプトのテクニック ……………… 165
新商品のプレゼンテーションの下書きをリクエストしよう
プレゼンテーションを要約しよう

40 ● Outlookで使えるプロンプトのテクニック ………………… 168
通知メールを作成しよう
テンプレートを作成しよう

用語索引 ……………………………………………… 172

1章

Copilot+PCって何？

ChatGPTの出現で、生成AIの時代が到来しました。そして、パソコンに生成AIが組み込まれる、新たなステップに移行し始めています。Copilot+PCは、Windowsに生成AIの「Microsoft Copilot」が組み込まれたAIパソコンです。生成AIの処理に特化したNPUを搭載することで、リクエストへの回答処理をパソコン内で完結させることができ、高速なレスポンスを実現しています。Microsoft Copilotがパソコン内に常駐することで、より気軽に生成AIを利用することができ、業務や家事の効率化や時短化を進めることができます。

SECTION 01

🔑 Key Word　Copilot+PC の概要

Copilot+PC とは

「Copilot＋PC」は、パソコンの頭脳であるCPUと画像描写に必要なGPUに加えて、AIの推論処理を高速化するNPUを搭載した、新しい次元に進化したパソコンです。このセクションでは、Copilot+PCと生成AI「Microsoft Copilot」の概要について解説します。

Copilot+PCって何？

「Copilot+PC」は、「コパイロット プラス ピーシー」と読み、Microsoftの生成AI「Microsoft Copilot」があらかじめ用意された次世代のパソコンです。パソコンに生成AIを組み込むことで、ルーティン業務を自動化したり、テクニックのレベルに左右されることなくクリエイティブな業務を拡張したりすることができます。Copilot+PCでは、ローカル上で高速なAI推測処理を実行するために、CPUとGPUに加えて40TOPS以上（1秒間に40兆回の操作）のNPUが搭載されています。また、キーボードには、Microsoft Copilotを起動できる［Copilot］キーが追加されています。Copilot+PCの特徴と機能を確認しましょう。

● **Microsoft Surface Pro（第11世代）**

● **Microsoft Surface Laptop（第7世代）**

● **主なCopilot+PC**

メーカー	機種名	OS	SoC	NPU	画面サイズ
Microsoft	Surface Pro（第11世代）	Windows 11 Home	Snapdragon® X Plus (10コア)	Hexagon™	13インチ
Microsoft	Surface Laptop（第7世代）	Windows 11 Home	Snapdragon® X Plus (10コア)	Hexagon™	13.8インチ
HP	HP OmniBook X 14-fe	Windows 11 Home	Snapdragon® X Elite X1E-78-100	Hexagon™	14インチ
DELL	XPS 13	Windows 11 Home	Snapdragon® X Elite X1E-80-100	Hexagon™	13インチ
ASUS	Vivobook S 15	Windows 11 Home	Snapdragon® X Elite X1E-78-100	Hexagon™	15.6インチ
Lenovo	Yoga Slim 7x Gen 9	Windows 11 Home	Snapdragon® X Elite X1E-78-100	Hexagon™	14.5インチ

NPUは生成AIのためのプロセッサ

「NPU」とは、「Neural network Processing Unit」の略で、AIの推測処理を高速化するために設計されたプロセッサのことで、SoC（System on Chip/CPUやGPU、NPUなどを1つのチップに集積したもの）に搭載されています。「Neural network（ニューラルネットワーク）」は、視覚、触覚、聴覚などの刺激を受けた脳が適切な判断を下すために信号をやり取りする仕組みのことです。NPUは、この脳の仕組みを模して、自ら情報を学習し、判断することができます。Copilot+PCには、1秒あたり40兆以上の操作（TOPS）を実行できるNPUが搭載され、リアルタイムでの翻訳やテキストからの画像生成などの処理を実現しています。

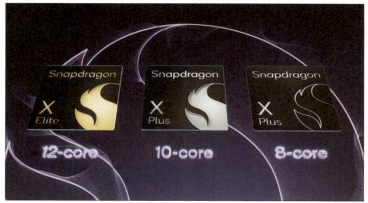

▲Microsoft Surface Proに搭載されているCPU、GPU、NPUを含むSoC（System on Chip）の「Qualcomm Snapdragon® X Plus」

メモ　SoCとは

「SoC」は、「System on Chip」の略で、CPUやGPU、NPU、メモリー、タイマーなどの機能を1つのチップに集約したプロセッサです。パソコンに必要な機能をSoCとしてまとめると、小型化や軽量化することができる上、消費電力も抑えられるメリットがあります。Copilot+PCでは、SoCにNPUが搭載されたチップを採用することで、ローカルでのAI利用が可能になっています。

●主なSoC

メーカー	Soc	CPU	GPU	NPU
Qualcomm	Snapdragon X Elite	Oryon 12コア	Adreno	Hexagon 45 TOPS
Qualcomm	Snapdragon X Plus	Oryon 8/10コア	Adreno	Hexagon 45 TOPS
Intel	Core™ Ultra 9 プロセッサー 288V	8コア	Intel® Arc™ Graphics 140	Intel® AI Boost 48TOPS
Intel	Core™ Ultra 7 プロセッサー 155H	16コア	Intel® Graphics	Intel® AI Boost
AMD	Ryzen AI 300	Zen 5 12コア	RDNA 3.5	XDNA 2 50TOPS

NPU搭載のメリット

Copilot+PCに搭載されているNPUは、1秒あたり40兆以上の操作（TOPS）を実行することができ、ローカル（パソコン内）でのAI処理の実現を可能にしました。AI処理をローカルで行うことで、データ処理のたびにオンライン上にあるAIにアクセスする必要がなくなり、データ生成のスピードが安定し、個人情報やデータ漏洩の危険性を低くすることができます。また、推測処理など重いAI処理をNPUが一手に引き受けることで、CPUとGPUの負担を軽くすることができ、パフォーマンスの高速化と低消費電力化を可能にしています。このことから、Microsoft 365やAdobe PhotoshopやExpress、Illustratorなど、ローカルでのAI処理に対応したアプリが増え、生成AIを搭載したパソコンがスタンダードになっていくことでしょう。

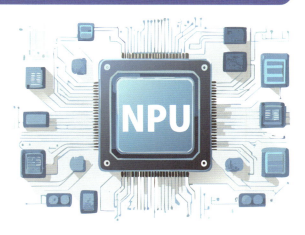

NPUとCPUとGPUの違い

CPUは、高速でデータを処理したり、パソコンを制御したりするパソコンの頭脳です。NPUは、1秒間に40兆以上の操作を実行できる高性能ですが、AI処理に特化しています。また、GPUは、画像処理するためのプロセッサです。SoCでは、それぞれ役割と性能が異なるCPUとGPU、NPUが1つになって高度な性能やデータ処理を可能にしています。

●CPU

「CPU」は、「Central Processing Unit」の略で、パソコンの機能や周辺機器を制御したり、アプリからのリクエストを処理したりすることができる装置です。「Excelで表を作る」、「プリンターを操作する」など、パソコンでの操作は基本的にCPUが計算、処理を行います。CPUの処理速度が速いほど、パソコンの性能が高いことを示します。CPUの性能は、コア数とスレッド数、クロック周波数を確認でき、数値が高いほど性能が高いことを示しています。

- ●コア数：「コア」は処理を実行するCPU内の回路で、コアの数が多い程同複数の処理を並列で実行することができます。クアッドコア（4コア）、ヘキサコア（6コア）、オクタコア（8コア）など多くのコアが搭載されたCPUが主流となっています。
- ●スレッド数：CPUの1つのコアが処理できる作業の数です。1コア当たりのスレッド数が1つの「シングルスレッド」と2つのスレッドを実行できる「マルチスレッド」があります。
- ●クロック周波数：CPUが処理を行う際に発信される信号の周波数のことで、CPUの処理の速さを示し、1秒間に発信される信号の周波数をヘルツ（Hz）で表示します。クロック周波数が3.20GHzのCPUは、1秒間に320億サイクルが実行されています。

●GPU

「GPU」は、「Graphics Processing Unit」の略で、画像や動画をすばやくきれいにモニターに映すための画像処理装置です。また、大量のデータを瞬時に並列処理することに優れていることから、生成AIの推測処理などでも活用されています。GPUの性能は、VRAM容量とGPU数が高いほど高性能です。なお、GPU数が多いほど処理速度は上がりますが、高熱を発生することから熱の管理が難しくなることと、冷却のために電力の消費量が上がります。

●NPU

「NPU」は、「Neural network Processing Unit」の略で、AIの推測処理を高速化するために設計された装置です。NPUの性能は、1秒間に何兆回の操作を実行できるかを示す「TOPS」で表されます。Copilot+PCでは、1秒間に40兆回の操作が実行できる40TOPS以上のNPUを搭載しています。

▲Intel Core UltraにはIntel AI BoostというNPUが搭載されています

Microsoft Copilot は Microsoft の生成AI

「Microsoft Copilot」は、Microsoftが提供する生成AIの名前です。「Copilot」は、「副操縦士」の意味で、副操縦士のように業務の効率化、質の向上を適切にサポートします。開発当初は「Bing Chat」と呼ばれていましたが、2023年11月に「Microsoft Copilot」に変更されました。Microsoft Copilotでは、テキストでリクエストするだけで、長文の要約や書類・画像の生成、記事や資料の検索などを行えます。また、Windows 11やアプリと連携することができ、アプリでのコンテンツ作成を効率化できるのが大きな特徴です。Copilot+PCでは、Microsoft CopilotがWindows 11に組み込まれていて、簡単な操作でMicrosoft Copilotを活用できます。

● Microsoft Copilot のロゴ

▲キーボードに［Copilot］キーが追加されボタンを押すだけでMicrosoft Copilotを起動できます

Copilot+PC の機能

Microsoft Copilotは、Copilot+PCでないパソコンでも利用できますが、速度が遅く、その機能に制限があります。Copilot+PCは、設計から生成AI仕様になっているため、より高度な機能をスピーディーに実行できます。また、ローカルAI（パソコン上にあるAI）に対応したアプリと連携して、高度な機能を簡単な操作で行えます。さらにMicrosoft Copilotがパソコン上にあることで、オンライン上にある生成AI（ChatGPTやAdobe Fireflyなど）を必要に応じて使い分けることもできます。

SECTION 02 Microsoft Copilot って何？

Key Word　Microsoft Copilotの概要

Microsoft Copilotは、Microsoftが提供する生成AIアシスタントです。Microsoft Copilotは、ユーザーの「Copilot」つまり「副操縦士」的な存在で、コンテンツの検索や機能の設定など、さまざまな場面でユーザーをアシストすることができます。

そもそも生成AIって何？

「Microsoft Copilot」は、「ChatGPT」と同じような「生成AI」です。Copilot+PCについて知るには、生成AIについて理解を深めておいた方が良いでしょう。「生成AI」は、ユーザーの指示やキーワードを基に文章や画像、音楽、動画などのコンテンツを生成できる人工知能です。

　従来のAIは、あらかじめ"正解"と"正解にたどり着く方法"を学習し、それを判断基準として業務の効率化や自動化を提案しました。つまり、"正解"以上の効果は望めません。生成AIでは、あらゆるカテゴリの膨大な情報からパターンや関係性を学習し、最善の回答を導き出して文章や画像といったコンテンツを生成します。会議の発言データをまとめて議事録を作成したり、指示書から画像や動画を生成したりするなど、広く業務に使われ始めています。高度なテクニックもマニュアルを覚える必要もありません。必要なのはユニークな発想だけです。Microsoft CopilotやChatGPTなど、生成AIを利用してその能力を実感してみましょう。

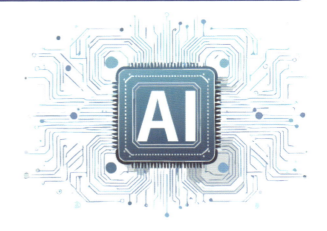

生成AIの種類

生成AIは、生成できるコンテンツの種類によって次の4種類に分けられます。

●画像生成AI

　画像生成AIは、入力されたプロンプトに応じた新しい画像を生成するAIです。画像生成AIを利用すると、Webサイトやポスターなどの素材を作成したり、アイデアを描き起こしたりすることができ、作業効率を大幅に向上させることができます。画像生成AIには、「Adobe Firefly」や「Stable Diffusion」、「Midjourney」、「DALL・E 3」などが知られています。

●Adobe Firefly

18

●テキスト生成AI

テキスト生成AIは、プロンプトに入力された質問やリクエストに応じて、文章や文書などのテキストを生成するAIです。会議やインタビューの文字起こしやまとめ、議事録の作成から小説の生成など、幅広い分野で活用されています。主なテキスト生成AIとしてOpenAIの「ChatGPT」やMicrosoftの「Microsoft Copilot」、Googleの「Gemini」などがあります。

●ChatGPT

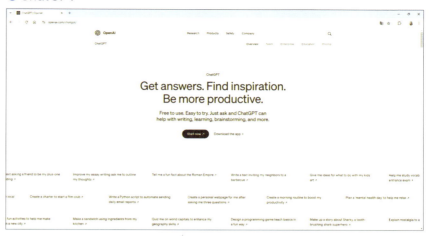

●動画生成AI

動画生成AIは、プロンプトに入力された動画のイメージをもとに動画を生成できるAIです。まだ数分程度の動画しか生成できませんが、長尺の動画生成など技術の発展が期待されています。主な動画生成AIは、「Runway」や「Pika」などがあります。

●Runway

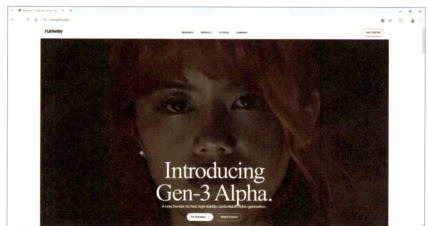

●音声生成AI

音声生成AIは、音声やテキストで入力されたプロンプトに応じて音声を新しく生成するAIです。特定の人物の声を学習させると、その人物の声でナレーションを作成したり、アフレコしたりすることができます。エンターテイメントや教育、ビジネスなど幅広い分野での活用が見込まれています。主な音声生成AIは、「VOICEVOX」や「CoeFont STUDIO」、「Synthesizer V」などがあります。

●VOICEVOX

Microsoft Copilotはどんな生成AI？

　Microsoft Copilotは、会話形式でリクエストすることで、Web検索やWebサイト・文書の要約、画像・文書の生成、Windowsの設定などが行えます（2024年10月現在、Windowsの設定は行えません）。また、ExcelやWord、PowerPoint、TeamsなどMicrosoft 365と連携して、効率よく書類を作成したり、スムーズにオンラインミーティングしたりすることもできます。Copilot+PCでは、Windows 11にMicrosoft Copilotが組み込まれ、パソコン上で処理が実行されます。コクリエイター、リコール、Windows Studio エフェクト、イメージクリエイター/リスタイル、ライブキャプション、自動スーパー解像度（Auto SR）の6つの独自の機能も用意されている他、AdobeをはじめCopilot+PCと連携できるアプリが増える見込みです。

▲Copilot+PCは、AI PCのスタンダードとなるでしょう

CopilotとChatGPTの関係

　Microsoftは、ChatGPTの開発元Open AIとパートナーシップを結んでいます。Microsoft Copilotには「ChatGPT」に搭載されている「GPT（Generative Pre-trained Transformer）」の技術が使用され、高い精度でリクエストに応えることができます。また、Copilotの画像生成機能Designerは、Open AIのDALL E3で実行し、有料サービスのCopilot Proでは、オンライン上にあるGPT-4やGPT-4 Turboに優先的にアクセスできるなど、Open AIと深く連携しています。

 Copilot+PCとWindows 11+Copilotの違い

2024年7月9日に配信が開始されたWindows 11の23H2アップデートでは、Microsoft Copilotが標準搭載されています。これによりCopilot+PCではないパソコンでも、Microsoft Copilotに質問したり、Webページを要約したり、テキストから画像を生成したりすることが可能になります。しかし、NPUが搭載されていないため、Microsoft Copilotへのリクエストやその回答は、その都度オンライン上のAIにアクセスします。
Copilot+PCでは、NPUがMicrosoft Copilotのリクエストをパソコン上で処理するため、オフラインでしかもすばやいレスポンスが得られます。また、コクリエイターやリコール、Windows Studio エフェクトといったCopilot+PC独自機能を利用することができます。

> **メモ** Microsoft Copilotには4種類がある
>
> 「Microsoft Copilot」はMicrosoftの生成AIの名称ですが、Copilotサービス全体の総称でもあります。Microsoft Copilotには、Edgeで利用できる無料の「Microsoft Copilot」、Windows 10/11に組み込まれている「Copilot in Windows」、Microsoft 365と連携できる「Copilot for Microsoft 365」、ビジネス向けの「Copilot Pro」と、4つのタイプが用意されています。

● **Microsoft Copilot**

WebブラウザのEdgeに組み込まれているMicrosoft Copilotで、無償で利用できます。Webページの内容を要約したり、会話形式でWebサイトを検索したりすることができます。また、テキストから書類を作成したり画像を生成したりすることもできます。

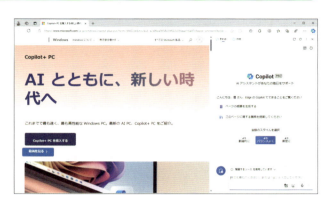

● **Copilot in Windows**

Windows 10と11にアプリとして用意されているMicrosoft Copilotです。タスクバーに表示されたアイコンをクリックして起動できます。Copilot+PCでなくても利用可能で、文書やWebサイトの要約、メールや文書の生成、テキストから画像生成、画像の内容を要約など、さまざまなことを行えます。

● **Copilot Pro**

個人ユーザー向けMicrosoft Copilotの有料サービスです。Microsoft 365に加入していれば、WordやExcel、OutlookなどでMicrosoft Copilotの機能を利用できるほか、オンライン上にあるGPT-4やGPT-4 Turboに優先的にアクセスすることができます。Designerを使用した画像生成枚数が、無料版の場合は1日当たり15ブーストのところを100ブーストまで生成できます。なお、Copilot Proの利用料金は、月額3200円です。

● **Copilot for Microsoft 365**

Microsoft 365 Business StandardもしくはBusiness Premiumを利用する法人向けの有料サービスです。Microsoft 365と連携し、Word、Excel、PowerPoint、TeamsなどのMicrosoft 365のアプリで、テキストでリクエストすると他の文書の内容を要約したり、プレゼンテーションや書類を生成したりすることができます。なお、Copilot for Microsoft 365の利用料金は、月額4497円です。

SECTION 03 　Key Word ＞ Copilot+PC のメリット

Copilot+PCで何が変わる？

Copilot+PCの出現により、パソコン自身に生成AIを搭載した機種がパソコンの主流になると予想されています。オンラインにアクセスすることなく、すばやく対応できることから、生成AIが身近な存在となり、生活のインフラの一部になることでしょう。

パソコンに求められるのは"賢さ"

これまで、パソコンでイラストを描いたり、きれいに整った企画書を作成したりするには、アプリの機能の内容や機能の設定、作成の手順を知る必要があります。専門用語が難しく、設定する内容をよく理解できないまま、マニュアル通りの操作をするといったことが頻繁に起こっています。

しかし、パソコンがユーザーのリクエストを言葉で理解してくれたらどうでしょう。「ダークモードに切り替えて」と入力するだけで、設定が変更されるならどうでしょう。Copilot+PCでは、生成AIのMicrosoft Copilotをパソコン自身に搭載しています。ユーザーは設定画面を呼び出すことも、設定方法を知っておく必要もありません。パソコン初心者でも、自由にアプリを使いこなすことが可能です。

Copilot+PCはユーザーのパートナーになる

　これまでパソコンにとって、生成AIはクラウド上にあるオプションのような存在で、必要なときに力を借りるような使い方しかできませんでした。しかし、Copilot+PCでは、Windows 11にMicrosoft Copilotが組み込まれ、Webページや文書の要約から手書きのスケッチを基にイラストを生成するといったクリエイティブな作業まで、会話するようにリクエストするだけで簡単に実行できます。設定の手順を知らなくても、高度なアプリを使いこなせなくても、イメージしたとおりの結果を導き出すことができます。

Copilot+PCを使うメリット

　Copilot+PCの最大の特徴は、パソコンに生成AIのMicrosoft Copilotを搭載していることでしょう。パソコンに生成AIを搭載することで、オンライン上のAIにアクセスする必要がないため、リクエストに対する回答のスピードが速く、インターネットの状況に左右されることもありません。また、リクエストの内容や生成したデータや画像の漏洩を防ぐこともできます。

SECTION 04 　Key Word　Copilot+PC の独自機能

Copilot+PCの独自機能を使ってみよう

Copilot+PCでは、生成AIに特化したNPUを搭載しているため、Microsoft Copilotによる高度なリクエストもパソコン上で処理できます。その特性を利用して、コクリエイターをはじめ独自の機能を搭載しています。これらの機能を試して、Copilot+PCを楽しみましょう。

手書きの絵からイラストを描き起こせる「コクリエイター」

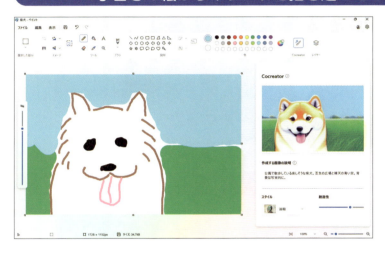

ヒント　手書きの絵がプロ並みのイラストに

Windowsの標準描画アプリの[ペイント]には、手書きの絵からプロンプトで指示した通りのイラストを生成する「コクリエイター」機能が追加されました。ひらめいたイメージを手書きするだけで、プロ並みのイラストを描き起こすことができます。

Windows Studioエフェクトでビデオ通話の映りを補正しよう

ヒント　リモート会議をスマートにこなそう

「Windows スタジオ エフェクト」は、ビデオ通話時の音声や映像を補正できる機能です。資料を読むために外れてしまった視線をカメラ目線に補正する「アイコンタクト」や常に自分の体が画面の中央に来るよう追跡できる「自動フレーミング」といった機能を備えています。

イメージ通りの画像を生成してみよう

●イメージクリエイター

> ⚠️ **チェック　ひらめいたイメージを自由に映像化しよう**
>
> 「イメージクリエイター」は、テキストから画像を自由に生成できる機能で、写真管理・編集のWindows標準アプリの[フォト]で利用できます。テキストで生成するイメージを指定するだけで、ひらめきを自由に画像化することができます。

写真からイラストを作ってみよう

●リスタイル

> 💡 **ヒント　写真からイラストを描き起こそう**
>
> 「リスタイル」は、既存の写真に特殊なスタイルを適用することで、写真を活かしたデジタルアートを生成できる機能で、写真編集・管理アプリの[フォト]から利用することができます。スタイルには、オーソドックスな[水彩]から[サイバーパンク]や[アニメ]といった特殊な効果も用意されていて、写真を楽しく加工することができます。

動画にリアルタイムで字幕を付けよう

●ライブキャプション

> 📖 **メモ　動画の音声から字幕を生成する**
>
> 「ライブキャプション」は、動画の音声から字幕を生成できる機能です。Copilot+PCでは、NPUの高速処理によって、ほぼリアルタイムで音声から字幕を生成し、表示させることができます。録画済みの動画はもちろん、ビデオ通話にも字幕を表示させることができ、リモート会議などに役立てることができます。

> ⚠️ **チェック　リコールのリリースが延期された**
>
> 「リコール」は、パソコン上に表示された画面を記録し、過去に利用したアプリや文書、Webサイトなどを断片的なヒントからでも簡単に探し出すことができます。セキュリティの問題が指摘され、2024年9月28日現在利用できませんが、10月から順次機能提供が開始されます。

SECTION 05 Microsoft 365と連携できる

Key Word Microsoft 365との連携

Copilot Proに加入すると、個人ユーザーでもExcelやWord、PowerPointなど、Microsoft 365のアプリでMicrosoft Copilotを利用できます。Wordでビジネス文書の作成だって、Excelでピボットテーブル分析だって、テキストで生成可能です。

Microsoft 365にもMicrosoft Copilotがやってきた

ExcelやWord、PowerPointにOutlookといったMicrosoft 365のアプリは、業務には欠かせないアプリです。しかし、多機能、高性能であるがゆえに、操作や機能の理解が難しく、使い切れないという側面があります。しかし、Microsoft 365のアプリをMicrosoft Copilotで利用できるとしたらどうでしょう。話しかけるようにリクエストするだけで、文書やメールが生成され、ピボットテーブルやグラフができるとしたら、かなり作業効率が上がるはずです。

Microsoftは、個人向けの有料プラン「Copilot Pro」と企業向けプラン「Copilot for Microsoft 365」を用意し、Microsoft 365でのMicrosoft Copilotの利用を可能にしています。これらのプランをCopilot+PCで利用することで、パソコン上での高速処理で時間短縮と作業効率の大幅な向上が見込めます。

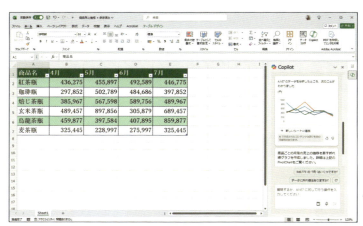

▲［ホーム］リボンに［Copilot］ボタンが表示され、［Copilot］作業ウィンドウを利用できます

▲文書の生成や要約もテキストでリクエストするだけです

ExcelでMicrosoft Copilotを利用する

●並べ替えや抽出などのデータ処理

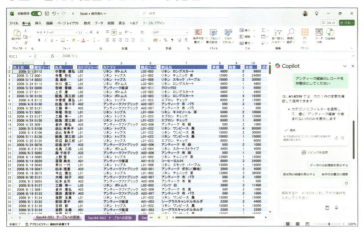

> **ヒント** ExcelでMicrosoft Copilotを利用する
>
> ExcelでMicrosoft Copilotを利用すると、テーブルのデータを基にして、グラフやチャートを生成したり、計算式や関数を提案したりすることができます。また、データに条件付き書式を設定して、データ分析をサポートすることもできます。なお、ExcelでMicrosoft Copilotを利用するには、OneDriveやSharePointに保存されたファイルに、テーブル形式で表を作成しておく必要があります。

●チャートやグラフの作成

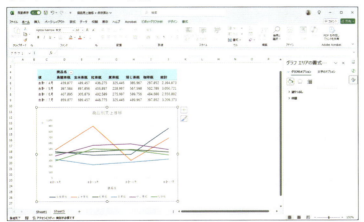

●ピボットテーブルでのデータ分析の提案

WordでMicrosoft Copilotを利用する

●文書の生成

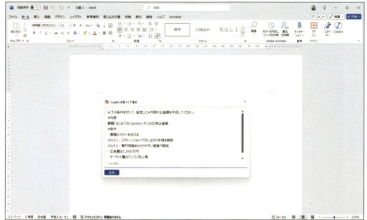

 ヒント WordでMicrosoft Copilotを利用する

WordでMicrosoft Copilotを利用すると、文書を生成したり、Word文書やPDFファイルの書類を要約したりすることができます。また、文章を描き直したり、続きを書いたりすることも得意です。ただし、生成された文章には、ハルシネーション（事実に基づかない情報による生成）を含んでいる可能性があるため、しっかりと確認する必要があります。

◀ プロンプトで生成する文書の内容を指定すると…

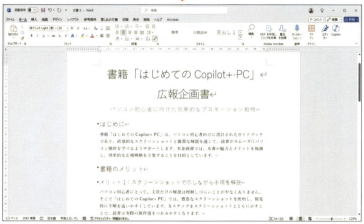

◀ 指定した内容の文書が生成されます

●文書やPDFの要約

◀ 要約は文字数とフォーカスしたいポイントを指定してリクエストすると良いでしょう

PowerPointでMicrosoft Copilotを利用する

● プレゼンテーションの生成

ヒント：PowerPointでMicrosoft Copilotを利用する

PowerPointでMicrosoft Copilotを利用すると、プレゼンテーションの生成や要約、スライドの整理といったことができます。プレゼンテーションの作成は、時間と手間のかかる作業ですが、Microsoft Copilotで下書きを生成し、それを編集することで大幅に作業効率を上げることができます。また、プレゼンテーションを要約することで、時間をかけて読み込む必要がなくなり、時間短縮に貢献できます。

◀テキストでプレゼンテーションの内容を指定すると構成が生成されるので［スライドの生成］をクリックすると…

◀指イメージ画像が挿入されたプレゼンテーションが生成されます

● プレゼンテーションの要約

◀プレゼンテーションの要約は、プレゼンテーションの予習や重要ポイントの確認などに役立ちます

1 Copilot+PCって何？

29

OutlookでMicrosoft Copilotを利用する

●メールの生成

◀ メールの内容や相手に関する情報を指定すると…

◀ 指定した条件に合ったメールが生成されます

●メールの要約

ヒント OutlookでMicrosoft Copilotを利用する

OutlookでMicrosoft Copilotを利用すると、メールを生成したり、届いたメールを要約したりできるほか、作成したメールにアドバイスすることもできます。なお、Microsoft Copilotを利用できるのは、2024年10月にリリースされた新しいOutlookです。また、新規メールを生成できるのは、職場や学校のメールアカウントとOutlook、hotmail、live.com、msn.comのメールアカウントに限られます。GmailやYahoo!メールなどのWebメールでは利用できません。

◀ 長いメールはMicrosoft Copilotに要約してもらおう

2章

[Copilot] アプリの
基本操作を覚えよう

Microsoft Copilotには、ユーザーと会話する以外に、会話のやり取りを他のアプリに書き出したり、まとめたりする機能が搭載されています。会話の内容を活用することではじめて業務の効率化や時間短縮が実現します。Microsoft Copilotからの回答を活用する機能を確認し、効率よく業務を進めましょう。

SECTION 06

Key Word ［Copilot］アプリの起動

［Copilot］アプリを起動しよう

Copilot＋PCのキーボードには、［アプリケーション］キーの位置に［Copilot］キーが用意されています。［Copilot］アプリを起動するには、キーボードで［Copilot］キーを押すか、タスクバーに表示されている［Copilot］アイコンをクリックします。

［Copilot］キーを使って［Copilot］アプリを起動する

1 ［Copilot］キーを押す

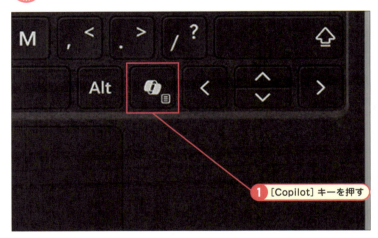

1 ［Copilot］キーを押す

1 右側の［Alt］キーの右横にある［Copilot］キーを押して、［Copilot］アプリを起動します。

メモ ［Copilot］アプリとは

［Copilot］アプリは、Windows 11またはWindows 10で稼働するMicrosoft Copilotの機能を利用できるアプリです。2024年7月のアップグレードで、これまでWindowsに組み込まれていた機能がアプリとして独立しました。Windowsを最新バージョンにアップデートすると自動的にインストールされますが、アンインストールも可能で、Microsoftストアから再インストールすることもできます。

2 ［Copilot］アプリが起動した

2 ［Copilot］アプリが起動します。

ヒント タスクバーにあるアイコンから起動する

［Copilot］アプリは、キーボードの［Copilot］キーを押す以外に、タスクバーにある［Copilot］アイコン🌀をクリックしたり、［スタート］メニューにある［すべてのアプリ］一覧で［Copilot］を選択したりしても起動することができます。

▲タスクバーにある［Copilot］アイコン🌀をクリックしても起動できます

⚠ チェック　Copilotの仕様が変更された

Microsoft Copilotは、2024年7月のアップデートで大幅に仕様が変更になりました。これまで、Microsoft CopilotはWindowsに組み込まれ、タスクバーの右端にアイコンが表示されて、時計やカレンダーと同じように画面右側に固定表示されていました。2024年7月の更新プログラム「KB5040442」では、Microsoft Copilotが独立したアプリになりました。［Copilot］アプリになったことで、ウィンドウ表示となり、画面のサイズを調節できます。他のアプリの画面を並べて利用したり、画面を最小化／最大化を簡単に切り替えられたりして便利になりました。また、［スタート］メニューへの表示やアンインストールが可能になっています。なお、［Copilot］アプリの新機能は、段階的に展開されており、今後も大きく変更が加えられる可能性があります。

- 固定表示がウィンドウ表示になった
- アプリとしてインストール／アンインストールが可能になった
- タスクバーの検索ボックス右側にアイコンが表示されている
- ［スタート］メニューにアイコンが表示できる
- ［Windows］＋［C］キーでの起動ができなくなった
- Windowsの設定変更ができなくなった
- 再インストールする場合はMicrosoft ストアからダウンロードできる

● Copilotのウィンドウ表示

▲ウィンドウサイズの変更やウィンドウの移動、他のアプリと並べて表示など便利になりました

●［スタート］メニューにアイコンが表示できる

▲［Copilot］アプリのアイコンを［スタート］メニューに表示させることができます

●アンインストールできる

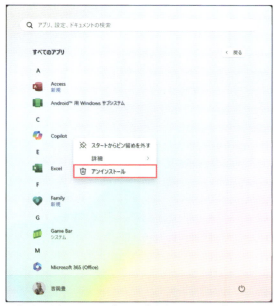

▲［スタート］メニューで［Copilot］を右クリックし、［アンインストール］を選択すると、簡単にパソコンから削除できます

［Copilot］アプリの画面構成

　［Copilot］アプリでは、左に過去の会話一覧、右に現在の会話が表示されます。また、画面左上には、新しい会話を作成する［新しいトピック］アイコン🗹が、左下にはプラグインの適用を設定できる［プラグイン］、複雑なプロンプトで質問できる［Notebook］など、さまざまな機能が配置されています。［Copilot］アプリの画面構成を確認して、快適で適切な会話を楽しみましょう。

●会話を開始する画面の各部名称

❶ **チャットウィンドウ**：Copilotとの会話を表示します

❷ **［新しいトピック］**🗹：新しい会話を作成します

❸ **［プラグイン］**：会話用のプラグイン（拡張機能）が8種類用意されています

❹ **［Notebook］**：1万8千文字までの長文で複雑なプロンプト（Copilotへのリクエスト）を入力できます

❺ **［会話のスタイル］**：Copilotの回答のスタイルを指定できます

❻ **［Copilotとチャット］**：質問や会話を入力します

❼ 🎤**マイク**：音声入力する際にクリックします

❽ 🖼**画像の追加**：プロンプトとして画像を添付できます

❾ **［アプリを試す］**：スマートフォン用アプリを開くQRコードが表示されます

❿ **アカウント**：ユーザーアカウントと［設定］、［外観］、［プライバシー］、［フィードバック］のメニューが表示されます

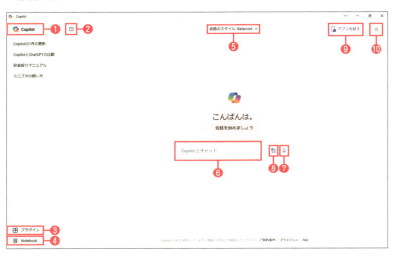

●会話画面の各部名称

❶ **会話の履歴**：会話の履歴が一覧表示されます

❷ **Copilotへの質問**：右寄りに薄い青の吹き出しで表示されます

❸ **Webサイトを参照して生成された文章**：下線が表示され文末に参照したWebサイトの番号が表示されます

❹ **参照Webサイト**：回答の下部に参照したWebサイトのURLに番号が付けられ一覧表示されます

❺ **ツールバー**：回答の左下にマウスポインタを合わせるとCopilotからの回答を利用するためのツールバーが表示されます

❻ **［コピー］**：Copilotからの回答をコピーします

❼ **［共有］**：Copilotからの回答をメールやSNSで共有するためのメニューが用意されています

❽ **［音声読み上げ］**：Copilotからの回答を読み上げます

❾ **［その他］**：Copilotからの回答を評価したり、WordやPDFに書き出したりするメニューが用意されています

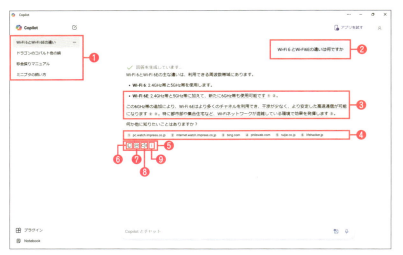

● 画像生成した際の画面構成

❶ 生成された画像：クリックすると拡大表示され、ダウンロード、SNSへの投稿など画像を活用できます

❷ ブースト：画像を高速に生成するための権利で、アカウント作成時に25ブースト、以降週に15ブースト付与されます。

● ［プラグイン］画面

画面左下にある［プラグイン］をクリックすると表示される画面で、会話の内容に合わせて目的のプラグインをオンにすると、知りたい内容を適切に表示できるようになります。

● ［Notebook］画面

画面左下の［Notebook］をクリックすると表示されます。18000文字までの長文や複雑な条件でプロンプトを設定し、Copilotに質問できる機能です。コラムやエッセイ、レポートなどを要約したり、校正したりする場合に便利です。

SECTION 07

Key Word Copilotとの会話

Copilotに質問してみよう

[Copilot]アプリでは、ユーザーがリクエストした内容を会話形式で返答します。友だちに話しかけるように自然な言葉で質問してみましょう。Microsoft Copilotが必要な情報を箇条書きや表なども使って、適切に回答してくれます。

Copilotに質問しよう

1 プロンプトを入力する

① 質問を入力
② ↑をクリックして送信

① [Copilot]アプリを起動すると、新しい会話の画面が表示されるので、[Copilotとチャット]に質問(プロンプト)を入力し、↑をクリックするか、キーボードで[Enter]キーを押して送信します。

2 質問への回答が表示された

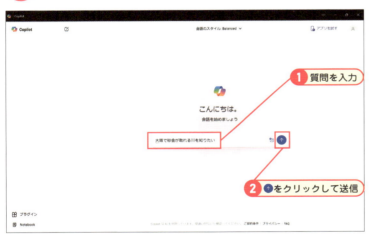

Copilotからの回答が表示された

② Microsoft Copilotからの回答が表示されます。

📖 メモ プロンプトを入力する

生成AIへの質問や問いかけのテキストを「プロンプト」といいます。Microsoft Copilotでは、1回に送信できるプロンプトの文字数は、会話のスタイルが[バランスよく]が最大4000文字、[創造的に]と[厳密に]の場合は最大8000文字と制限があります。プロンプトに8000文字以上のテキストを設定したいときは、長文の処理が可能な[Notebook]機能を利用しましょう(P.35参照)。

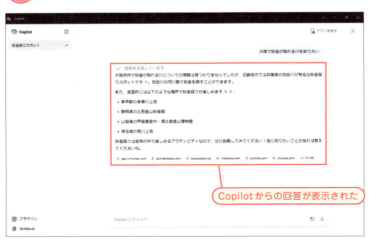

質問を追加しよう

1 質問を追加する

① ［Copilotとチャット］に追加の質問を入力します。その際、Copilotは、前回の質問の続きと認識するため、前回の内容を改めて入力する必要がありません。

1 続きの質問を入力
2 ↑をクリックして送信

2 質問への回答が表示された

② 質問の回答が表示されます。

質問の回答が表示された

情報元のWebサイトを確認しよう

1 参照WebサイトのURLをクリックする

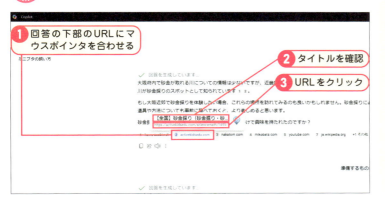

① 回答の下部に参照したWebサイトのURLが表示され、番号が振られて一覧表示されています。目的のURLにマウスポインタを合わせ、ポップアップ表示で内容を確認してクリックします。

1 回答の下部のURLにマウスポインタを合わせる
2 タイトルを確認
3 URLをクリック

2　[Copilot] アプリの基本操作を覚えよう

37

❷ 参照元のWebサイトが表示された

> ❷ 情報元のWebサイトが表示されます。Microsoft Copilotの回答と相違がないか確認しましょう。

> **⚠ チェック　Microsoft Copilotの利用で注意すること**
>
> Microsoft Copilotは、Web上にある情報を参考にして文章や画像を生成するため、回答の内容が正確とは限りません。また、Web上にある文章や画像を参考にしたり、流用したりすることがあるため、著作権を侵害している可能性があります。Microsoft Copilotからの回答は、必ずユーザーが内容を確認してから、活用するようにしましょう。

💡ヒント　情報にも参照したWebサイトが明記される

Microsoft Copilotの回答で、Webサイトの情報を参照して生成した文章には、下線が表示され、文末には参照Webサイトの番号が記載されています。マウスポインタを合わせると、参照したWebサイトのタイトルがポップアップ表示され、クリックするとそのWebサイトを表示できます。また、文末の番号は、回答の末尾に表示される参照Webサイトの番号です。

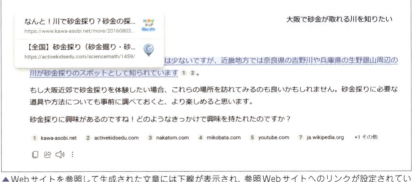

▲Webサイトを参照して生成された文章には下線が表示され、参照Webサイトへのリンクが設定されています

📖メモ　会話を読み上げてもらおう

Microsoft Copilotの回答は、音声で読み上げることもできます。回答を音声で読み上げさせるには、読み上げて欲しい回答の左下にマウスポインタを合わせると、ツールバーが表示されるので、［音声読み上げ］のアイコンをクリックします。なお、音声による読み上げを停止するには、［一時停止］のアイコンをクリックします。

◀回答の左下にマウスポインタを合わせると表示されるツールバーで、［音声読み上げ］のアイコン🔊をクリックします

新しい会話を作成する

① 新しいトピックを作成する

① 会話のテーマを変更したい場合は、新しい画面を作成し、会話を開始します。新しい会話の画面を作成するには、画面左上にある［新しいトピック］をクリックします。

画面左上の［新しいトピック］をクリック

② 新しいトピックが作成された

② 新しい会話の画面が作成されます。

> **📖 メモ　テーマが変わったら画面を新しくしよう**
>
> ［Copilot］アプリでは、会話を始めると最初の問いかけの内容が会話のタイトルに設定されます。1つの会話の画面で、さまざまな話題でMicrosoft Copilotと会話することはできますが、タイトルに沿った会話に統一した方が管理しやすいでしょう。Microsoft Copilotとの会話は、テーマごとに画面を切り替えて行いましょう。なお、過去の会話はすべて保存され、画面左の一覧から選択して再表示できます。

⚠ チェック　Microsoft Copilotに質問できなくなった

Microsoft Copilotについての質問や、AIに関する内容など、Microsoft Copilotが答えたくない質問をした場合、［そろそろ新しいトピックに映る時間です。最初からやり直しましょう］とのメッセージが表示され、それ以上質問を受け付けなくなります。この場合は、新しいトピックを作成して、質問をし直してみましょう。

▲ Microsoft Copilot自身に関する質問や回答しづらい質問には、新しいトピックに変えるよう促されます

SECTION 08

 会話の管理

会話を管理しよう

Microsoft Copilotとの会話は、記録され画面左側に一覧表示されます。会話の履歴一覧から目的の会話をクリックすると、会話の内容を再表示することができます。また、会話を再開することもできます。

過去の会話を再表示する

1 再表示する会話を選択する

1 目的の会話のタイトルをクリック

> 1 画面左の会話の履歴で目的の会話のタイトルをクリックします。

2 会話が再表示された

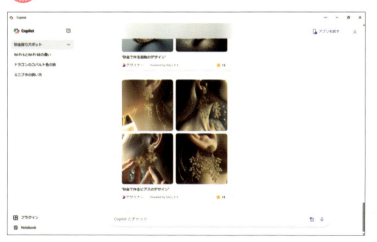

> 2 目的の会話が再表示されました。プロンプトを送信することで、会話を再開することもできます。

会話の名前を変更する

① メニューを表示する

① 目的の会話の履歴にマウスポインタを合わせる
② 3つの点のアイコンをクリック

① 目的の会話の履歴にマウスポインタを合わせると、3つの点のアイコンが表示されるのでクリックします。

> **ヒント　会話の名前を変更する**
>
> Microsoft Copilotとの会話を開始すると、最初のプロンプトの内容を参考にして、自動的に会話のタイトルが設定されます。タイトルが適切な場合もありますが、ユーザーの意図とは違うものが付けられることもあります。この場合は、この手順に従って会話のタイトルを変更し、会話をわかりやすく管理しましょう。

② タイトルを編集可能にする

① ［名前の変更］をクリック

② メニューが表示されるので、［名前の変更］をクリックして、会話のタイトルを編集可能な状態にします。

③ 会話のタイトルを編集する

① 会話のタイトルを入力
② ✓をクリック

③ 目的の会話のタイトルを入力し、✓をクリックします。

④ 会話のタイトルが変更された

④ 会話のタイトルが変更されました。

会話の履歴を削除する

1 メニューを表示する

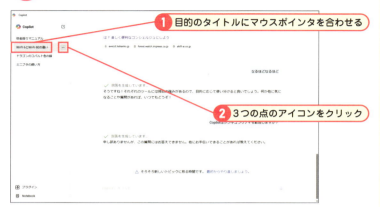

2 会話を削除する

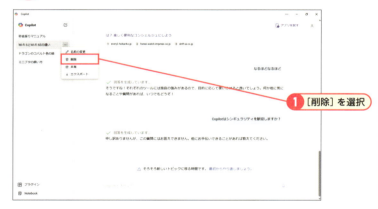

3 会話が削除された

①会話の一覧で目的のタイトルにマウスポインタを合わせ、3つの点のアイコンをクリックします。

> **メモ 会話を整理しよう**
>
> Microsoft Copilotでの会話は、自動的に記録され画面左に履歴として一覧表示されます。そのため、Microsoft Copilotを利用するほどに、会話の履歴が増えていきます。会話を活用するためにも、不要な会話を削除し、使いやすいように整理しておきましょう。

②[削除]を選択し、目的の会話を削除します。

③会話が削除されました。

SECTION 09 音声で質問してみよう

Key Word： 音声で操作

キーボードを操作できないときには、Microsoft Copilotに音声で質問してみましょう。Microsoft Copilotに音声で質問するには、[Copilotとチャット]の右にあるマイクのアイコンをクリックし、Copilotへの質問を話しかけます。

音声で質問を入力する

① マイクをオンにする

① [Copilotとチャット]の右端にあるマイクのアイコン 🎤 をクリックするか、[Windows]キーを押しながら[H]キーを押します。

② 質問を話しかける

② マイクがオンになるので、Copilotへの質問を話しかけます。

③ 質問を送信する

③ 質問が入力されるので、⬆ をクリックするか、キーボードで[Enter]を押します。質問が送信され、質問への回答が表示されます。

SECTION 10

Key Word　画像を使って質問

画像を使って質問してみよう

写真に映っている場所がわからないときには、Microsoft Copilotに聞いてみましょう。すぐに場所の名前と周辺スポットの紹介を表示してくれるでしょう。虫や花などの写真を撮って、Microsoft Copilotにたずねてみても楽しいかもしれません。

画像を添付して質問する

1 画像追加のアイコンをクリックする

1 ［Copilotとチャット］の右にある画像追加のアイコン をクリックします。

> **ヒント　画像を使って質問してみよう**
>
> 写真の場所や咲いている花の名前など、知りたい内容をテキストで書き起こすのが難しい場合は、この手順に従って質問の対象となる場所や物の写真をプロンプトに添付して送信すると良いでしょう。

2 写真の選択画面を表示する

2 ［このデバイスからアップロード］をクリックして、画像の選択画面を表示します。なお、写真を撮影する場合は［写真を撮影する］をクリックしてカメラを起動します。

③ 目的の写真を添付する

③ 目的の写真を選択し、[開く] をクリックします。

④ 写真について問い合わせる

④ プロンプトを入力し、🔼 をクリックして、質問を送信します。

⑤ 写真についての情報が表示された

⑤ Microsoft Copilotからこの写真についての情報が表示されます。

SECTION **Key Word** イラストの生成

11 イラストを生成してみよう

Microsoft Copilotでは、テキストから画像を生成することができます。生成された画像は、Microsoftの「デザイナー」に表示されますが、画像の生成はOpen AIのDALL・E3が実行しています。アイデアをリクエストして楽しい画像を生成してみましょう。

テキストから画像を生成する

1 プロンプトを入力する

1 プロンプトに「〜を描いて」と入力し、⬆をクリックします。

ヒント　[デザイナー] とは？

[デザイナー] は、Microsoft Copilotの画像生成ツールで、Open AIの画像生成AI「DALL－E3」の機能を利用して高品質な画像生成を提供しています。プロンプトに情景や描く対象を具体的にテキストで指定すると、画像が生成されます。ただし、差別用語や不適切な単語が含まれる場合は、画像生成が実行されません。

2 画像の生成が開始される

2 画像の生成が開始されます。画像の生成には少し時間がかかる場合があります。

③ 画像が生成された

③ 画像が生成されます。

条件を追加して画像を生成しよう

① 画像のトーンを変更する

① 追加でプロンプトに目的の画像のトーンを入力し、⬆ をクリックします。

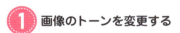

① プロンプトを追加で入力
② ⬆ をクリック

> **チェック　画像の右下に表示されるコインは何？**
>
> ［デザイナー］では、画像が10〜30秒ほどで生成されますが、高速な画像生成は、「ブースト」と呼ばれるコインで管理されています。ブーストは、初めて［デザイナー］を利用する際に25個、以降毎日15個が付与されます。ブーストが「0」になった場合は、1回の生成に5分程度かかるようになります。

② 指定した変更が反映された

② 指定したトーンの画像が生成されます。

2 [Copilot]アプリの基本操作を覚えよう

生成した画像を保存しよう

① 画像を拡大表示する

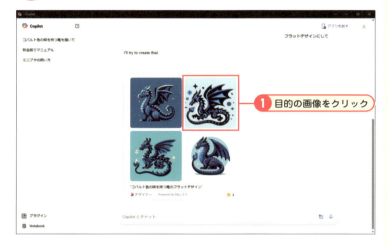

① 生成された画像から目的の画像をクリックします。

② 画像のダウンロード画面を表示する

② 画像が拡大表示されます。画像の左右に表示される［＜］や［＞］をクリックすると、他の画像に移動できます。［ダウンロード］をクリックし、［ダウンロード］画面を表示します。

③ 保存先を指定する画面を表示する

③ ［名前を付けて保存］をクリックして、［名前を付けて保存］画面を表示します。なお、［開く］をクリックするとダウンロードされたものが［フォト］アプリで開かれます。

4 画像に名前を付けて保存する

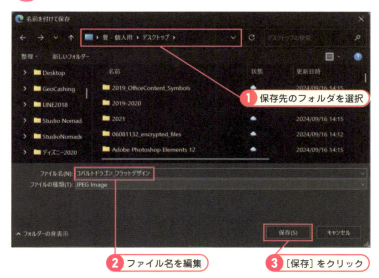

① 保存先のフォルダを選択
② ファイル名を編集
③ ［保存］をクリック

4

保存先のフォルダを選択して、画像の名前を編集し、［保存］をクリックします。

5 画像が保存された

5

目的の画像が指定した場所に、設定した名前で保存されました。

メモ 画像を共有しよう

生成した画像を共有したいときは、生成した画像をクリックして拡大表示します。タイトルの下に表示される［共有］をクリックすると、URLが表示されるので、［コピー］をクリックしてURLをコピーします。メールやSNSの投稿欄にコピーして送信しましょう。受信したユーザーはURLをクリックすると、画像を閲覧できます。

2 ［Copilot］アプリの基本操作を覚えよう

49

SECTION 12 会話のスタイルを指定しよう

Key Word 会話のスタイルの指定

レポートの資料を調べる場合、Copilotからの回答に事実でない情報があると、レポートの信ぴょう性に関わります。また、物語を生成する場合には、創造性に富んだ回答の方が活用しやすいでしょう。Copilotでは、会話の目的に合わせてスタイルを指定できます。

物語を生成してみよう

1 会話のスタイル一覧を表示する

[会話のスタイル] をクリック

1 画面上部中央にある [会話のスタイル] をクリックして、会話のスタイル一覧を表示します。

> **ヒント 会話のスタイルを指定する**
>
> Microsoft Copilotでは、会話の内容に合わせて、スタイルを指定することができます。会話のスタイルには、[創造的に]、[バランスよく]、[厳密に] の3つが用意されています。小説や漫画のストーリーなど、創造性に富み空想的で、思いがけない視点が必要な文章には [創造的に] を、レポートのような正確さと詳細に重点を置く文章には [厳密に] を適用します。なお、会話のスタイルに [創造的に] または [厳密に] を適用した場合、プロンプトの文字制限は8000文字、[バランスよく] を指定したときは4000文字です。

2 [創造的に] を選択する

[創造的に] をクリック

2 [創造的に] を選択します。

③ 物語を生成する

③ あらすじと主人公の特徴を書き込み、「ストーリーを書いて」と物語の生成を指示し、プロンプトを送信します。

1 プロンプトでストーリーの生成を指定
2 ↑ をクリック

④ 物語の冒頭が生成された

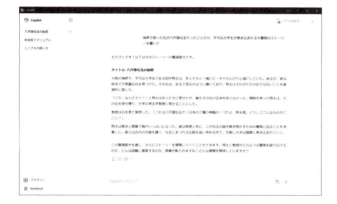

④ 物語の冒頭が生成され、表示されます。

レポートを生成してみよう

① 会話のスタイルに[厳密に]を適用する

① [会話のスタイル]をクリックし、表示される一覧で[厳密に]を選択します。

1 [会話のスタイル]をクリック
2 [厳密に]を選択

51

2 レポートを生成する

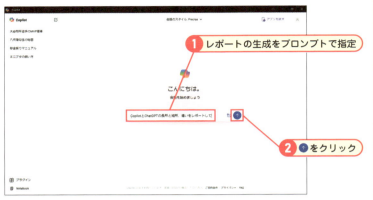

2 レポートの内容を入力し、「レポートして」とレポートの生成を指定し、プロンプトを送信します。

3 レポートが生成された

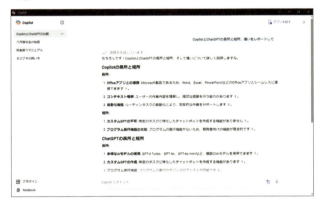

3 指定した内容のレポートが生成されます。

レポートを表にまとめよう

1 レポートの内容を表にまとめる

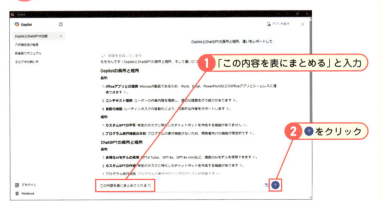

1 レポートを生成した後に、プロンプトに「この内容を表にまとめる」と入力し、送信します。

② 表をExcelで開く

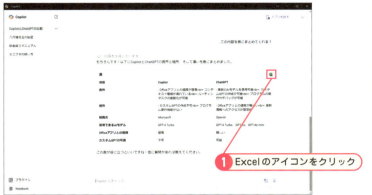

❶ Excelのアイコンをクリック

② レポートの内容が表にまとめられました。右上のExcelのアイコンをクリックします。

ヒント　Copilotで生成した表をExcelで開く

Microsoft Copilotで生成された表は、Excelで開くことができます。Microsoft Copilotで生成された表の右上には、Excelのアイコンが表示されます。このアイコンをクリックすると、WebブラウザーのEdgeが起動し、ExcelのWeb版に表の内容が書き出されます。

③ 表がExcelに書き出された

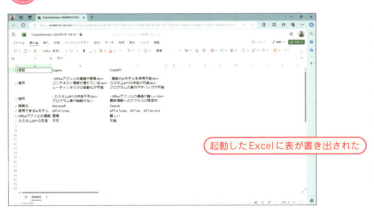

起動したExcelに表が書き出された

③ EdgeでExcelが起動し、表がExcelに書き出されます。

メモ　会話を評価する

質問の回答が役に立った時には、会話を評価してみましょう。会話を評価するには、質問の回答の左下にマウスポインタを合わせると、ツールバーが表示されるので、右端の3つの点のアイコンをクリックし表示されるメニューで［いいね！］または［低く評価］のいずれかを選択します。

◀ 回答の左下にマウスポインタを合わせてツールバーを表示し、3つの点のアイコンをクリックして、［いいね！］または［低く評価］を選択します

2 [Copilot]アプリの基本操作を覚えよう

53

SECTION 13 Copilotとの会話を活用しよう

 会話の活用

Copilotとの会話は、WordやPDFに書き出したり、SNSに投稿したりして活用することができます。また、会話全体を書き出したり、1回のやり取りを活用したりすることもできます。会話を必要なときに活用するための方法を確認しておきましょう。

会話全体の内容をWordに書き出す

① メニューを表示する

① 左側で目的の会話を選択し、表示される3つの点のアイコンをクリックしてメニューを表示します。

> **ヒント 会話の一部をWordに書き出す**
>
> 会話の一部をWordに書き出すには、目的の回答の左下にマウスポインタを合わせるとメニューが表示されるので、3つの点のアイコンをクリックし、[エクスポート]→[Word]を選択します。なお、この方法で会話を書き出すと、メニューの直前の回答のみが書き出され、その前後の会話は書き出されません。

② エクスポート先を表示する

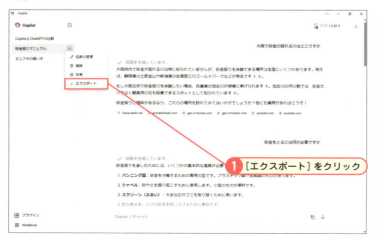

② [エクスポート]をクリックし、エクスポート先のメニューを表示します。

③ **エクスポート先にWordを選択する**

③ [Word] を選択すると、会話を Word に書き出す準備が開始されます。

④ **会話を書き出す**

④ 会話が Word に書き出されるとこの画面が表示されるので、[表示] をクリックします。

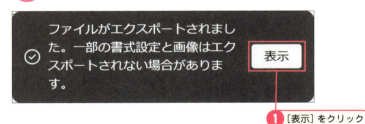

⑤ **会話がWordに書き出された**

⑤ Edge が起動し、Word の Web 版が表示され、目的の会話が Web 版 Word に書き出されます。

会話の内容を SNS に投稿する

1 タイトルを選んで共有する

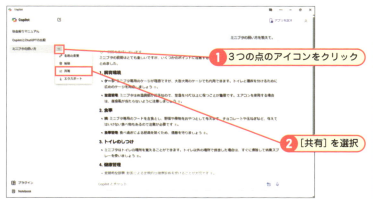

① 目的の会話のタイトルを選択し、3つの点のアイコンをクリックして、[共有] を選択します。

2 目的の SNS をクリックする

② 共有方法を選択する画面が表示されるので、目的の SNS をクリックします。なお、ここでは [X] を選択します。

3 ポストするをクリックする

③ [X] にログインすると、ポスト画面が表示されます。ポストには Microsoft Copilot との会話へのリンクが挿入されるので、ポストの内容を編集し、[ポストする] をクリックします。

④ Copilotのアイコンをクリックする

④ [X]にポストが投稿されます。ポストに表示されるCopilotのアイコンをクリックすると、Microsoft Copilotとの会話のページが表示されます。

ヒント　会話を印刷する

Microsoft Copilotとの会話を印刷するには、会話全体を一旦PDFに書き出し、印刷します。会話全体をPDFに書き出して印刷するには、画面左で目的のタイトルを選択し、表示される3つの点のアイコンをクリックして、[エクスポート] → [PDF] を選択すると、[印刷] 画面が表示されるので、プリンターと部数などを設定して印刷を実行します。また、会話の一部を印刷したいときは、目的の回答の左下にマウスポインタを合わせ、表示されるメニューの右端にある3つの点のアイコンをクリックし、[エクスポート] → [PDF] を選択します。

▲会話のタイトルを選択し、3つの点のアイコンをクリックして、[エクスポート] → [PDF] を選択します

▲プリンターと部数、用紙サイズなどを指定し、[印刷] をクリックします

[Copilot] アプリをアンインストールする

［Copilot］アプリは、Windowsをアップデートすると自動的にインストールされますが、アンインストールすることもできます。［Copilot］アプリをアンインストールするには、［スタート］メニューのすべてのアプリの一覧で、［Copilot］を右クリックし、［アンインストール］を選択して、表示される確認の画面で［アンインストール］をクリックします。なお、［Copilot］アプリは、後からMicrosoftストアから再インストールすることができます。

▼［スタート］メニューを表示する

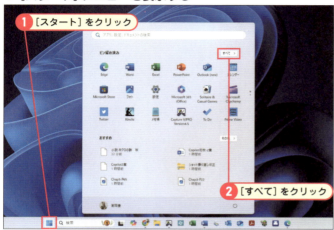

［スタート］ボタンをクリックし、表示される［スタート］メニューで［すべて］をクリックします。

▼［Copilot］アプリをアンインストールする

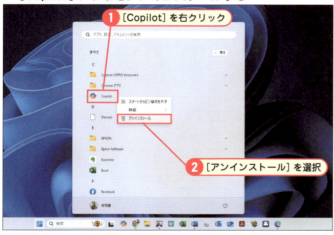

［Copilot］を右クリックし、［アンインストール］を選択します。

▼アンインストールを実行する

［アンインストール］をクリックすると、［Copilot］アプリのアンインストールが開始されます。

3章

Edgeで
Copilotを使ってみよう

Webブラウザーの Edge には、Copilot が搭載されています。Webサイトの内容を要約したり、メールの下書きを作成したり、さまざまな方法で利用することができます。Microsoft Copilot を活用することで、膨大な Web サイトの情報から、必要なデータだけを効率よくすばやく利用することができます。Edge に搭載された Copilot の機能と実力を確認してみましょう。

SECTION **Key Word** Copilot in Edge の概要

14 Copilot in Edge とは

Copilot in Edgeは、MicrosoftのWebブラウザーEdgeに組み込まれているMicrosoft Copilotで、無償で利用できます。[チャット]タブと[作成]タブから構成され、生成する内容に合わせて、さまざまな設定が用意されているのが特徴です。

Copilot in EdgeでWebサイトを活用しよう

「Copilot in Edge」は、MicrosoftのWebブラウザーEdgeに組み込まれているMicrosoft Copilotです。Webページや動画の内容を要約したり、ブログやビジネス文書、メールなどの下書きを生成したりすることができます。また、画像を分析してその内容に関する情報を表示したり、テキストから画像を生成したりすることもできます。Copilot in Edgeの機能や画面構成を確認して、効率よく作業に活用しましょう。

▲Edgeの画面右側に[Copilot]作業ウインドウが表示されます

Copilot in Edgeの画面構成

Copilot in Edgeは、Webサイトを要約したりCopilotに質問したりできる［チャット］タブと、メールや書類の下書きを生成できる［作成］タブから構成されています。それぞれの機能を確認して、目的に合わせて使い分けましょう。

●［チャット］タブの機能を確認しよう

［チャット］タブには、Copilotとスムースに会話するための機能やWebサイトなどを要約する機能が用意されています。また、Webページをスクリーンショットで切り取って、その部分について質問したり、テキストから画像を生成したりすることもできます。

❶［チャット］：［チャット］タブを表示します
❷［作成］：［作成］タブを表示します
❸［新しいタブでリンクを開く］ ：Copilotからの回答を新しいタブで表示します
❹［最新の情報に更新］ ：会話をリセットして新しいトピックを作成します
❺［その他のオプション］ ：メニューが表示されます
❻［Copilot作業ウィンドウを閉じる］：Copilotの画面が閉じられます
❼［プラグイン］ ：Copilotに適用できるプラグインの一覧を表示します
❽［最近のアクティビティ］ ：会話の履歴が一覧で表示されます
❾［ページの概要を生成する］：表示中のWebページの概要をまとめます
❿［このページに関する質問を提案してください］：このページに関する質問を生成します
⓫［会話のスタイルを選択］：［より創造的に］、［よりバランスよく］、［より厳密に］から会話のスタイルを選択します
⓬［関連するソースを使用しています］：会話の生成のために参照する範囲を指定できます
⓭［新しいトピック］ ：新しいトピックが作成されます

●［作成］タブの機能を確認しよう

［作成］タブでは、メールやブログの記事、アイデアなどを生成する機能が用意されています。［プロフェッショナル］、［カジュアル］、［面白い］といった文章のトーンや［短い］、［中］、［長い］から文章の長さを指定することができます。Copilotで文書を下書きして、効率よく業務を進めましょう。

❶［執筆分野］：生成する文書の内容を2000文字以内で入力します
❷［トーン］：文章のトーンを［プロフェッショナル］、［カジュアル］、［熱狂的］、［情報的］、［面白い］の5種類から選択できます
❸［形式］：生成する文書の形式を［段落］、［メール］、［アイデア］、［ブログの投稿］の4つから選択します
❹［長さ］：生成する文書の長さを［短い］、［中］、［長い］から選択します
❺［プレビュー］：生成された文書が表示されます

SECTION 15　Microsoft Copilotになんでも聞いてみよう

Key Word Microsoft Copilotに質問

Copilot in Edgeは、Webブラウザーに組み込まれていることから、Webページの内容について質問したり、要約を生成したりと、Webサイトの情報を活用しやすい特徴があります。Microsoft Copilotになんでも質問して、効率的に情報を取得しましょう。

Copilotに質問してみよう

1　[Copilot] 作業ウインドウを表示する

① [Copilot] をクリック

① Edgeを起動し、右上にある [Copilot] のアイコンをクリックし、[Copilot] 作業ウインドウを表示します。

メモ　入力候補が表示される

プロンプトを入力していると、テキストの右端に薄いグレーの字で入力候補が表示されます。表示された入力候補を利用する場合はキーボードで [Tab] キーを押します。入力候補を使わないときは、無視して続きを入力しましょう。

▲薄いグレーの入力候補を採用する場合は、キーボードで [Tab] キーを押します

2　Microsoft Copilotに質問する

① プロンプトを入力
② ➤ をクリック

② [Copilot] 作業ウインドウが表示されました。Microsoft Copilotへの質問を入力し、➤ をクリックします。

プロンプト▶これからの日本経済はどうなりますか？

③ 回答が表示された

③ 質問に対する回答が表示されます。

> **ヒント** 参照Webサイトを確認しよう
>
> Microsoft Copilotの回答は、Webサイトのデータを基に生成されますが、データの使い方や表現方法をミスすることがあるため、必ず参照Webサイトで情報を確認しましょう。質問の回答を生成する際に参照したWebサイトは、回答下部の［詳細情報］にURLで一覧表示しています。データの内容を確認するときは、［詳細情報］に表示されたURLのいずれかをクリックし、表示されたWebページでデータをチェックします。

回答をWordに書き出す

① 質問を追加する

① 追加の質問を入力し、＞をクリックします。

> プロンプト▶経済は上がっているようですが、景気が上向きになっているようには感じられません。なぜですか？

> **ヒント** Copilotからの回答を別のタブで表示する
>
> Microsoft CopilotからのEdgeの別のタブで表示したい場合は、回答が表示されてから［Copilot］作業ウインドウの最上部にある［新しいタブでリンクを開く］アイコンをクリックします。回答を別のタブで表示すると、大きな画面に切り替わって読みやすくなります。

② ［エクスポート］のメニューを表示する

② 質問に対する回答が表示されました。［エクスポート］のアイコン↓をクリックします。

63

③ エクスポート先に [Word] を指定する

❶ [Word] を選択

④ 回答を Word に書き出す

❶ [開く] をクリック

③ メニューが表示されるので、[Word] を選択します。

> **ヒント　Copilotからの回答を書き出そう**
>
> Microsoft Copilotに質問した回答を書き出したいときは、回答の下部に表示されている [エクスポート] アイコンをクリックし、メニューを表示して、書き出し先を選択します。回答の書き出し先には、[Word] の他に [PDF] と [Text] があります。[PDF] を選択すると、書き出された画面で印刷設定を行え、そのまま印刷することができます。

④ 上部に表示される画面で [開く] をクリックして、回答をWordに書き出します。

⑤ **Copilotの回答がWordで表示された**

⑤ Copilotからの回答がWordに書き出されました。

欲しいデータを抽出してもらおう

① **GDPの推移表をリクエストする**

① プロンプトに2000年から2024年までのGDPの推移表をリクエストします。

> プロンプト▶2000年から2024年までのGDPの推移表を書いて

② **GDPの表が書き出された**

② 2000年以降のGDPのデータが表で書き出されます。

ヒント 表はExcelに書き出せる

Microsoft Copilotが生成した表は、Excelに書き出すことができます。生成された表の右上にExcelのアイコンが表示されるので、クリックするとExcelのWeb版が新しいタブに表示され、そこに書き出されます。

SECTION

16 Webページの内容を活用しよう

🔑 Key Word　Webページの情報を活用

Copilot in Edgeの便利な機能のひとつに、表示中のWebページの内容を要約する機能があります。大量のデータをすばやく要約でき、ある程度の情報を頭に入れてからじっくり読み進められるため、Webページの効率的な利用に役立ちます。

Webページの内容を要約しよう

1 [ページの概要を生成する] をクリックする

1 目的のWebページを表示し、[Copilot] 作業ウインドウで [ページの概要を生成する] をクリックして、Webページの概要をまとめます。

2 Webページの内容が要約された

2 Webページの概要が生成されました。

> 📖 メモ　**プロンプトを入力して実行しよう**
>
> [チャット] タブに表示されている [ページの概要を生成する] をクリックしても、英語で回答されたり、概要をうまくまとめられなかったりすることがあります。そんなときは、プロンプトを入力して、要約し直してもらいましょう。

SNSに投稿するWebページの紹介文を生成しよう

1 SNSへの投稿を生成する

① 目的のWebページを表示し、プロンプトに「このページをSNSで紹介するための記事を140字以内、カジュアルな文体で書いてください。本文とは別に末尾にハッシュタグを追加してください」と指定します。

> **プロンプト▶**このページをSNSで紹介するための記事を140字以内、カジュアルな文体で書いてください。本文とは別に末尾にハッシュタグを追加してください

2 SNSへの投稿文が生成された

② SNSへの投稿文とハッシュタグが生成されました。

ヒント 聞きたいことがわからないときは提案してもらおう

表示中のWebページについて、質問したいことがわからないときは、Microsoft Copilotに質問を提案してもらいましょう。Microsoft Copilotに質問を提案してもらうには、目的のWebページを表示し、[Copilot]作業ウインドウの[チャット]タブを表示して、[このページに関する質問を提案してください]をクリックします。4つの質問が提案され、気になる質問をクリックすると、Microsoft Copilotがその質問に対して回答してくれます。

▲[このページに関する質問を提案してください]をクリックすると、Webページに関する質問が4つ提示されます

67

SECTION 17

Key Word PDFの内容の要約

PDFの内容を要約しよう

多くの場合、レポートや論文などはPDFファイルで公開されています。PDFファイルが数十ページに渡ることもあり、熟読するには時間がかかります。この場合は、Microsoft CopilotにPDFファイルを要約してもらい、予習してから読み始めると良いでしょう。

PDFの内容を要約する

1 PDFファイルの要約をリクエストする

1. 目的のPDFファイルをEdgeで表示
2. [ドキュメントの概要を生成する]をクリック

1 目的のPDFファイルをEdgeで表示し、[Copilot]作業ウインドウの[チャット]タブで[ドキュメントの概要を生成する]をクリックします。

> **ヒント　パソコンのPDFファイルの要約を生成するには**
>
> Microsoft Copilotを使って、パソコンに保存されているPDFファイルの要約を作成するには、保存されたPDFファイルを右クリックし、ショートカットメニューで[プログラムから開く]→[Microsoft Edge]を選択してPDFファイルをEdgeで開き、この手順に従って概要を生成します。

2 PDFの内容が要約された

1. 生成された概要文の末尾の番号をクリック

2 PDFの内容が要約されます。

> **メモ　参照個所を表示する**
>
> PDFの特定の個所を参照して生成された要約文には、下線が表示され末尾に番号が追加されます。番号をクリックすると、PDFの参照された箇所が表示されます。なお、下線部分をクリックすると、Edgeで新しいタブが追加されてしまうことがあるため、番号をクリックした方が良いでしょう。

68

PDFの重要な分析情報を生成しよう

① PDFの内容を分析する

① 目的のPDFファイルをEdgeで表示
② [このドキュメントから重要な分析情報を生成する]をクリック

① 目的のPDFファイルをEdgeで表示し、[Copilot]作業ウインドウの[チャット]タブで[このドキュメントから重要な分析情報を生成する]をクリックします。

> ⚠ **チェック** 分析情報が英語で表示されたら
>
> Microsoft Copilotからの回答が英語で表示されることがあります。この場合は、[新しいトピック] をクリックしトピックをクリアして、再度[このドキュメントから重要な分析情報を生成する]をクリックします。

② 分析情報を深堀する

① 目的の質問をクリック

② PDFファイルの重要な分析情報が抽出されます。下部に分析情報を深堀する質問が表示されるので、目的の質問をクリックします。

③ 質問への回答が表示された

③ 質問への回答が表示されます。

SECTION 18 🔑Key Word 言葉の意味を調べる

Copilotを辞書代わりに使おう

Microsoft Copilotでは、簡単な操作でわからない単語の意味を調べることができます。また、写真に映り込んだ文字を翻訳したり、書き起こしたりすることも可能です。Microsoft Copilotを辞書代わりにして効率的に文章を読み進めましょう。

単語の意味を調べよう

① 単語の意味を調べる

① 目的の単語を選択するとメニューが表示されるので、[Copilotに質問する]を選択します。

② 単語の意味と解説が表示された

② [Copilot]作業ウインドウに選択した単語の解説が表示されます。

> 📖 **メモ** 英単語はプロンプトを入力して調べよう
>
> この手順に従って英単語の意味を調べると、回答が英語で返ってきます。英単語やセンテンスの意味を調べるときは、調べたい英語をコピーして、プロンプトで「〇〇〇の意味を調べて」とリクエストしましょう。

写真に映り込んだ文字の意味を調べてみよう

① ［スクリーンショットを追加します］をクリックする

① 文字が写り込んでいる写真をEdgeで表示し、［スクリーンショットを追加します］🖼 をクリックします

② スクリーンショットの撮影範囲を指定する

② 文字の意味を調べる範囲をドラッグします。

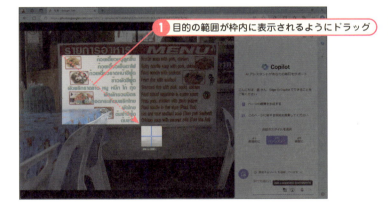

③ スクリーンショットをアップロードする

③ 表示されるツールバーで ✓ をクリックすると、切り取ったスクリーンショットがアップロードされます。

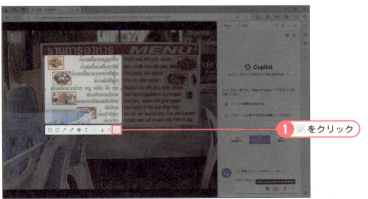

> ⚠ **間違いないかチェックしよう**
>
> 写真に映り込んだ文字は、光が反射していたり、小さすぎたりして読みづらいことがあります。このような写真の文字を翻訳したり、書き起こしたりすると、間違った回答が返ってくることがあります。回答が正しいかどうか、必ずチェックしましょう。

3 EdgeでCopilotを使ってみよう

④ 日本語への翻訳をリクエストする

④ プロンプトに「この文字を日本語に翻訳してください」と入力し、リクエストを送信します。

⑤ 日本語に翻訳されました

⑤ 文字が翻訳されて表示されます。

 ヒント　Webページ全体を翻訳したいときは？

Edgeには、Webページに表示されている言語を他の言語に翻訳できる「Microsoft Translator」が搭載されています。Microsoft Translatorを利用してWebページを翻訳するには、アドレスバーの右にある［翻訳オプションの表示］アイコン をクリックし、表示される画面で翻訳先の言語を指定して、［翻訳］ボタンをクリックします。

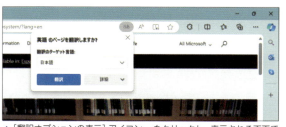

▲［翻訳オプションの表示］アイコン をクリックし、表示される画面で翻訳先の言語を指定して、［翻訳］ボタンをクリックします

SECTION **Key Word** 動画の内容の要約

19 YouTubeの動画の要約しよう

Microsoft Copilotでは、YouTubeとVimeoの動画からハイライトを生成することができます。動画のハイライトでは、動画のトピックごとにタイムスタンプとその内容が表示されます。また、タイムスタンプをクリックすると、そのシーンを表示させることができます。

YouTubeの動画のハイライトを生成する

1 [ビデオのハイライトを生成する] をクリックする

1 目的の動画を再生し、[Copilot] 作業ウィンドウの [チャット] タブで [ビデオのハイライトを生成する] をクリックします。

メモ ビデオのハイライト生成は不安定

この手順に従ってビデオのハイライトを生成すると、英語で表示されることがあります。この場合は、プロンプトに「in Japanese Please」や「このビデオを日本語で要約して」と入力し、日本語でのハイライト生成をリクエストしましょう。

2 ハイライトを日本語に翻訳する

2 各クリップのタイムラインと要約が表示されます。英語で表示された場合は、プロンプトに「in Japanese Please」と入力し、再リクエストしましょう。

プロンプト ▶ in Japanese Please

73

③ 日本語でビデオのハイライトが表示された　　　　　　　　　　③ 日本語でビデオのハイライトが表示されます。

気になるシーンにジャンプする

① タイムラインをクリックする　　　　　　　　　　① 動画のハイライトを生成し、タイムラインで目的のシーンの時間をクリックします。

② 目的のシーンが再生された　　　　　　　　　　② 目的のシーンが再生されます

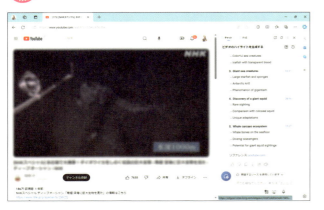

SECTION **Key Word** 文書の生成

20 文書を作成してみよう

[Copilot] 作業ウインドウの [作成] タブには、メールやブログ記事、段落などを作成するための機能が用意されています。文章の種類やトーン、長さを指定することで、ユーザーの目的に合った適切な文章を生成することができます。

ビジネスメールを作成しよう

1 セミナー開催のお知らせの生成をリクエストする

① [Copilot] 作業ウインドウで [作成] タブを選択し、[執筆分野] にメールの主旨と具体的に記述した事項を入力します。ここでは、セミナー案内メールを作成する旨と、セミナーの具体的な内容について箇条書きで入力しています。

プロンプト▶クライアントへのセミナー「ビジネスにおけるAIとそのデータの活用法」のお知らせメール。
開催日：2024年11月18日
時間：13:00〜15:00
講師：山本喜平
場所：本社プレゼンテーションルーム

2 メールの形式と長さを指定する

② [トーン] に [プロフェッショナル]、[形式] に [メール]、[長さ] に [中] を選択し、[下書きの生成] をクリックします。

⚠ チェック 個人情報や社内情報は入力しない

Microsoft Copilotは、入力された情報を学習し、他のユーザーの回答を作成する際に利用することがあります。情報が漏洩してしまう可能性もあるため、個人情報や社内情報など、知られたくない情報はプロンプトに入力しないようにしましょう。

3 Edge で Copilot を使ってみよう

③ メールをコピーする

③ メールが生成されるので、下部のツールバーで [コピー] のアイコン 🗋 をクリックします。なお、内容を再度生成し直したいときは、下部のツールバーで [下書きを再生成] のアイコン ↻ をクリックします。

> 📖 **メモ** 下書きを再生成する
>
> 生成された下書きが意図していたものと違っていた場合は、再生成することができます。下書きを再生成するには、[プレビュー] の下にあるツールバーで [下書きを再生成] のアイコン ↻ をクリックします。

④ メールを作成する

④ コピーした下書きをメール作成画面に貼り付けて、編集してから送信します。

目次案を作成してみよう

① 目次案生成をリクエストする

① [Copilot] 作業ウインドウで [作成] タブを選択し、[執筆分野] に目次を生成するコンテンツの内容を入力します。[トーン] に [プロフェッショナル]、[形式] に [アイデア]、[長さ] に [中] を選択し、[下書きの生成] をクリックします。

プロンプト▶初心者向け書籍「はじめてのCopilot+ PC」の目次案を書いて

② **目次案が生成された**

② 目次が生成されました。ツールバーで［コピー］のアイコン 🗐 をクリックします。

③ **目次案をWordで活用する**

③ コピーした目次をWordに貼り付けて活用しましょう。

ブログの下書きを生成して投稿しよう

① **ブログの下書きをリクエストする**

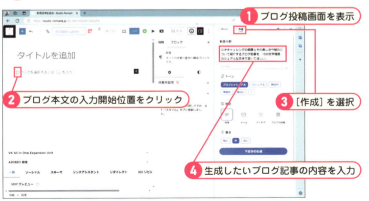

① ブログの投稿画面を表示し、ブログ本文の入力開始位置をクリックしてカーソルを表示します。［Copilot］作業ウインドウで［作成］タブを選択し、［執筆分野］にブログの内容をリクエストします。

> プロンプト▶ジオキャッシングの概要とその楽しさや魅力について紹介するブログ記事を、1500文字程度、カジュアルな文体で書いてほしい

3 EdgeでCopilotを使ってみよう

❷ ブログのトーンと形式、長さを指定する

❷ [トーン]に[カジュアル]、[形式]に[ブログ投稿]、[長さ]に[長い]を選択して[下書きの生成]をクリックします。

> **ヒント 新規作成画面に生成したテキストを挿入できる**
>
> [作成]タブで生成したテキストは、ブログやWebページ、SNSなどの新規作成画面に挿入することができます。ブログなどの新規作成画面をEdgeで表示し、テキストを挿入する位置をクリックしてカーソルを表示します。その状態で、この手順に従って記事を作成し、生成されたテキストの下にある[サイトに追加]をクリックします。

❸ ブログ記事が生成された

❸ ブログの本文が生成されます。[サイトに追加]をクリックして、ブログ投稿画面に生成された記事をコピーして貼り付けます。

> **チェック 生成された文章は必ずチェックしよう**
>
> Microsoft Copilotでは、他のサイトのテキストや写真を参照して文章を生成します。そのため、生成された文章をそのまま投稿すると、著作権を侵害する可能性もあります。生成された文章に個人情報や会社の情報が含まれていないかどうかを必ずチェックしましょう。

❹ 記事が投稿画面に挿入された

❹ 生成された記事がブログ投稿画面に挿入されます。記事の内容を確認し、編集して投稿しましょう。

SECTION 21 画像を生成してみよう

Key Word　画像の生成

Copilot in Edgeでも、画像を生成することができます。画像を生成するプロンプトには、被写体が情景をできるだけ具体的に、トーンや色調を詳しく指定すると、イメージに近い画像を生成することができます。想像力を膨らませて、楽しい画像を作ってみましょう。

テキストから画像を生成しよう

① 画像の生成をリクエストする

① プロンプトに描きたい物の情報を詳しく入力
② ＞ をクリック

① [Copilot] 作業ウインドウの [チャット] タブを選択し、プロンプトに描きたい物や情景と色調、画調などをできるだけ詳しく入力し、＞ をクリックします。

> プロンプト▶砂漠の中のオアシスに1本だけ生えている、幹がチョコレートで、葉がカラフルなビスケット、花がカラフルなグミの木を熱帯色のフラットデザインで描いて。

② 画像を拡大表示する

① 目的の画像をクリック

② 指定した画像が生成されるので、目的の画像をクリックします。

> ⚠ チェック　**画像は商用利用できない**
>
> Microsoft Copilotで生成した画像は、他のWebサイトの画像を参照して生成されることから、著作権を侵害している可能性があり、商用利用できません。個人名義でSNSなどに投稿する場合は、Microsoft Designerの利用規約に順守する必要があります。生成された画像が他のキャラクターや作品に似ていないか、著作権を侵害する表現がないかを確認してから利用しましょう。

3　EdgeでCopilotを使ってみよう

79

③ 次の画像に移動する

③ 画像が拡大表示されます。画像の左右に表示されている [<] と [>] をクリックすると前後の画像に移動できます。

④ 画像が表示された

④ 次の画像が表示されました。

絵画を別のトーンで描き直してみよう

① [スクリーンショットを追加する] をクリックする

① Edgeに目的の画像を表示し、[スクリーンショットを追加する] のアイコン 📷 をクリックします。

❷ 描き直したい範囲を指定する

❶ 描きたい範囲になるまでドラッグ

❷ 描き直したい範囲をドラッグして指定します。

❸ スクリーンショットをアップロードする

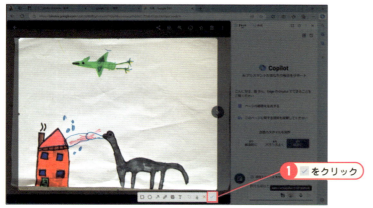

❶ ✓ をクリック

❸ 表示されるツールバーで ✓ をクリックすると、切り取られた画像がアップロードされます。

❹ 描き直す画像の条件を指定する

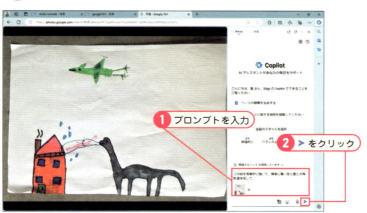

❶ プロンプトを入力
❷ ➤ をクリック

❹ プロンプトに「この絵を写実的に描き直して。背景に青空と雲と太陽を描き足して。」と入力し、➤ をクリックします。

> プロンプト▶この絵を写実的に描いて。背景に青い空と雲と太陽を描き足して。

3 Edge で Copilot を使ってみよう

81

⑤ 画像を拡大表示する

⑤ 指定した通りに画像が生成されるので、目的の画像をクリックして拡大表示します。次の画像に移動する場合は［＞］をクリックします。

⑥ 画像の縦横比を変更する

⑥ 次の画像が表示された。画像のタイトルの下にあるメニューを右にスクロールし、［サイズの変更］をクリックして、［横長の向き（4：3）］を選択します。

⑦ 横長の画像に描き直された

⑦ 画像が横長のサイズに描き直されます。

SECTION 22

Key Word プラグインの利用

プラグインを使って適切な情報をゲットしよう

Microsoft Copilotでは、レシピや旅行など特定のカテゴリの情報を生成する際に、そのカテゴリに特化したプラグインが用意されています。プラグインを有効にすると、特定のカテゴリのデータをすばやく適切に収集することができます。

レシピのプラグインでレシピを生成しよう

1 プラグインの一覧を表示する

① ［Copilot］作業ウインドウを表示し、［新しいトピック］をクリックして新しい会話を作成し、［プラグイン］をクリックします。

ヒント　プラグインを利用しよう

「プラグイン」は、拡張機能のことで、Copilot in Edgeでは特定のカテゴリのコンテンツを適切に生成できるプラグインが8種類用意されています。例えば、［Instacart］プラグインを有効にすると、料理のレシピをはじめ、作り方やコツ・ポイントといったことまで詳しい情報が生成されます。なお、プラグインは同時に3つまでしか有効にすることができないので注意が必要です。

2 プラグインを選択する

② プラグインの一覧が表示されるので、レシピの質問に答えてくれる［Instacart］プラグインをオンにします。上部［最近］の［<］をクリックして、［チャット］タブに戻ります。

83

③ お好み焼きのレシピをリクエストする

③ プロンプトでお好み焼きのレシピをリクエストします。

> ⚠️ **チェック** プラグインを有効にできない
>
> プラグインを有効にしたくても、スイッチをオンにできないことがあります。この場合は[チャット]タブに戻って、[新しいトピック] をクリックし会話をクリアにし、再度プラグインを有効にする操作を行います。

④ レシピの情報が生成された

④ お好み焼きのレシピと作り方、コツ・ポイントなどが生成されます。

旅行のツアーを探してもらおう

① プラグインの一覧を表示する

① [Copilot]作業ウインドウを表示し、[新しいトピック] をクリックして新しい会話を作成し、[プラグイン] をクリックします。

84

② 目的のプラグインを有効にする

① [Kayak] をオンにする
② [最近] の [＜] をクリック

② プラグインの一覧で旅行を提案してくれる [Kayak] プラグインをオンにします。上部 [最近] の [＜] をクリックして、[チャット] タブに戻ります。

③ 条件に合う海外旅行の情報をリクエストする

① プロンプトを入力
② ＞ をクリック

③ プロンプトに「予算15万円、3泊4日の行程で行ける海外旅行を提案して」と入力し、＞ をクリックします。

④ 海外旅行の情報が提案された

① 旅行サイトのリンクをクリック

④ 設定した条件に合う海外旅行が提案されます。気になる国のリンクをクリックして、ツアー紹介のサイトを表示します。

3 EdgeでCopilotを使ってみよう

85

⑤ 自分の質問を編集できるようにする

⑤ 旅行サイトが表示されます。自分の質問の左下にマウスポイントを合わせると、ツールバーが表示されるので、[編集] をクリックします。

> 📖 メモ **最初の質問を利用して別の質問をする**
>
> 似たような質問をし直したい場合、プロンプトを入力し直すのは手間がかかります。この場合は、元の自分の質問の左下にマウスポイントを合わせて、表示されるツールバーで [編集] をクリックすると、プロンプトの入力欄に再度自分の質問が表示されるので、編集してMicrosoft Copilotに質問します。

⑥ 質問を編集してリクエストをし直す

⑥ プロンプトの入力欄に、自分の質問が再度表示されるので、「予算15万円、3泊4日の行程で行けるタイ旅行を提案して」と編集して質問し直します。

⑦ タイ旅行の行程が提案された

⑦ タイ旅行の行程が提案されます。

4章

Copilot+PCの
便利な機能を使いこなそう

Copilot+ PCには、手書きの絵をイラストに描き直せる
「コクリエイター」や思い通りに画像を生成できる「イ
メージクリエイター」など、便利な機能が用意されていま
す。また、ビデオ会議で常に自分の姿がフレームの中央に
映す「自動フレーミング」や常にカメラ目線を維持する
「アイコンタクト」機能など、ビジネスにも使える機能も
搭載されています。Copilot+PCならではの機能を使い
こなして、パソコンを楽しく、便利に役立てましょう。

SECTION 23

Key Word Copilot+PC の独自機能

Copilot+PCならではの機能を使ってみよう

Copilot+PCには、手書きの絵からイラストを描き起こせる「コクリエイター」やビデオ映りを補正できる「Windows スタジオ エフェクト」などユニークな独自の機能が用意されています。これらの機能をいろいろ試して、Copilot+PCを存分に楽しみましょう。

手書きの絵からイラストを描き起こそう

●コクリエイター

> **メモ コクリエイターで楽しくイラストを描き起こそう**
>
> Windowsの標準描画アプリの［ペイント］には、手書きの絵からプロンプトで指示した通りのイラストを生成する「コクリエイター」という機能が追加されました。高度なテクニックを知らなくても、手書きでイメージを描いて、プロンプトで仕上げ方を指示するだけで、きれいなイラストを描き起こすことができます。

イメージ通りの画像を生成してみよう

●イメージクリエイター

●リスタイル

> **ヒント 使い慣れた［フォト］で画像生成しよう**
>
> 写真管理・編集のWindows標準アプリの［フォト］には、テキストから画像を自由に生成できる「イメージクリエイター」と写真からデジタルアートを描き起こせる「リスタイル」が追加されました。［フォト］の新しい機能を使いこなして、イメージ通りの画像を作成してみましょう。

ビデオ通話の映りを補正しよう

● Windows Studio エフェクト

> **メモ** リモート会議を スマートにこなそう
>
> 自宅で業務するからこそ、リモート会議はスマートにこなしたいものです。資料を読んでいるのがバレバレなのも、体の一部が見切れてしまうのも、普段を覗き見られている感じがします。「Windows スタジオ エフェクト」には、ビデオ通話時の音声や映像を補正できる機能です。資料を読むために外れてしまった視線をカメラ目線に補正する「アイコンタクト」や常に自分の体が画面の中央に来るよう追跡できる「自動フレーミング」といった機能を備えています。

動画にリアルタイムで字幕を付けよう

● ライブキャプション

> **メモ** 動画の音声から字幕を生成する
>
> 「ライブキャプション」は、動画の音声から字幕を生成できる機能です。Copilot+PCでは、NPUの高速処理によって、ほぼリアルタイムで音声から字幕を生成し、表示させることができます。録画済みの動画はもちろん、ビデオ通話にも字幕を表示させることができ、リモート会議などに役立てることができます。

 リコールのリリースが延期された

「リコール」は、パソコン上に表示された画面を記録し、過去に利用したアプリや文書、Webサイトなどを断片的なヒントからでも簡単に探し出すことができます。セキュリティの問題が指摘され、2024年9月28日現在利用できませんが、10月から順次機能提供が開始されます。

SECTION 24 手書きの絵からイラストを生成しよう

Key Word: コクリエイターの利用

Copilot+PCの[ペイント]アプリには、手書きの絵からイラストを描き起こせる「コクリエイター」機能が搭載されています。手書きでラフなスケッチとプロンプトで説明するだけで、簡単に本格的なイラストを生成できます。

手書きの絵からイラストを描き起こせる「コクリエイター」

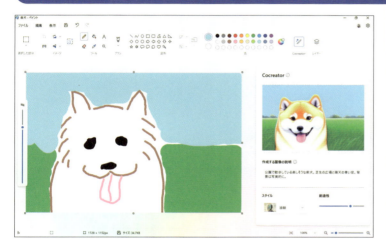

> **メモ　コクリエイターで本格的なイラストを描こう**
>
> 「コクリエイター」は、手書きの絵からきれいなイラストを描き起こせる[ペイント]アプリの機能です。[コクリエイター]は、Copilot+PCのみの機能で、高度なイラスト描画のテクニックや操作を知らなくても、イラストのイメージと内容を手書きの絵とプロンプトで指定するだけで簡単にイラストを描き起こすことができます。

コクリエイターを使うための準備をする

1 [ペイント]アプリを起動する

① [スタート]ボタンをクリックして[スタート]メニューを表示し、検索ボックスに「ペイント」と入力して、表示される[ペイント]アプリの画面で[開く]をクリックします。

② コクリエイターを起動する

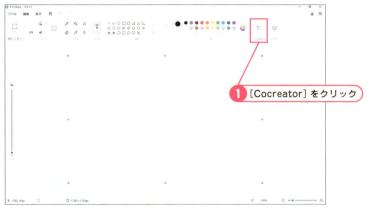

① [Cocreator] をクリック

> ② [ペイント] アプリが起動します。リボンに表示されている [Cocreator] のアイコンをクリックします。

③ コクリエイターの解説を確認する

① [次へ] をクリック

> ③ コクリエイターの解説画面が表示されるので、[完了] が表示されるまで、内容を確認しながら [次へ] をクリックします。

④ コクリエイターの解説を終了する

① [完了] をクリック

> ④ [完了] をクリックします。

4 Copilot+PCの便利な機能を使いこなそう

91

⑤ コクリエイターが利用できるようになった

⑤ コクリエイターが利用できるようになりました。

手書きの絵からイラストを描き起こす

① 手書きで絵を描く

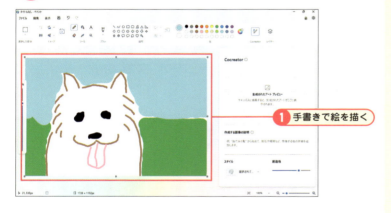

① ペイントの機能を使って、イラストのイメージとなる絵を描きます。

> **ヒント 色を使って描こう**
>
> コクリエイターでイラストを生成する際、手書きの絵は必要な色を使い分けて、できるだけ塗りつぶした方が適切な結果になります。スケッチのように単色で描くと、イメージとは異なる結果になることがあります。

② プロンプトを入力する

② プロンプトに被写体と背景の情報、イラストのトーンなど設定を入力します。

> **ヒント プロンプトで絵の不足を補おう**
>
> 手書きの絵には、何を描いているのかプロンプトに記載しましょう。また、手書きでは描き切れない背景の要素やニュアンス、イラストのトーンなどを具体的にプロンプトに入力しておくと、イメージに近いイラストが生成されます。

3 イラストのスタイルと創造性の効果を指定する

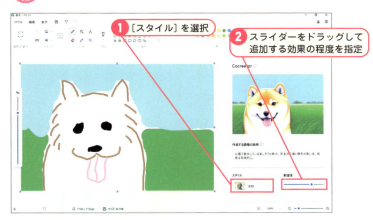

❶ [スタイル]を選択
❷ スライダーをドラッグして追加する効果の程度を指定

③ [スタイル]を選択し、イラストの画調を指定します。[創造性]のスライダーをドラッグして、原画に創造性を加える程度をパーセンテージで指定します。

> 📖 **メモ** スタイルを適用する
>
> コクリエイターの[スタイル]では、イラストに水彩画や油絵などのアートスタイルを適用できます。スタイルには、[水彩]、[油絵]、[インクスケッチ]、[アニメ]、[ピクセルアート]の5種類があります（P.96参照）。

4 イラストを適用する

❶ 生成されたイラストをクリック

④ 生成されたイラストをクリックし、原画に適用します。

> 📖 **メモ** 創造性を適用する
>
> コクリエイターの[創造性]では、AIによる描画の適用量を指定します。[創造性]の適用量を低いほど手書きの絵に忠実に、高いほどAIによる描画の割合が増えて創造性の高いイラストになります。

5 [名前を付けて保存]ダイアログボックスを表示する

❶ [保存]をクリック

⑤ イラストが適用されます。[保存]をクリックし、[名前を付けて保存]ダイアログボックスを表示します。

4 Copilot＋PCの便利な機能を使いこなそう

⑥ イラストを保存する

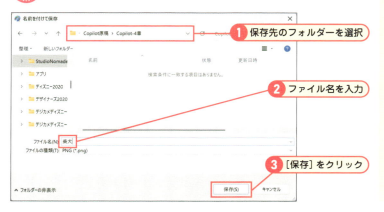

⑥ 保存先のフォルダーを選択し、ファイル名を入力して、[保存] をクリックして、生成したイラストを保存します。

写真を基に楽しい画像を描き起こそう

① 写真の選択画面を表示する

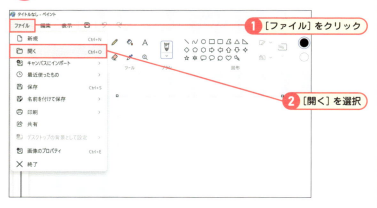

① [ペイント] アプリを起動し、[ファイル] をクリックして、[開く] を選択します。

> **チェック 大きすぎる写真は利用できない**
>
> コクリエイターの最大許容サイズは、2000×2000ピクセルです。それ以上のサイズの画像は、[ペインター] アプリでは開けますが、コクリエイターでの画像生成は実行できません。

② 写真を選択する

② 写真の保存先を開き、目的の写真を選択して、[開く] をクリックします。

③ コクリエイターを起動する

❶ [Cocreator] をクリック

③ 写真が開かれます。リボンにある [Cocreator] のアイコンをクリックします。

④ プロンプトを入力する

❶ プロンプトを入力

④ 生成したい画像のイメージをプロンプトに入力します。

⑤ スタイルと創造性の適用量を指定する

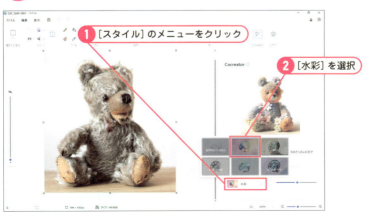

❶ [スタイル] のメニューをクリック
❷ [水彩] を選択

⑤ [スタイル] のメニューをクリックし、目的のスタイル（ここでは [水彩] を選択します）をクリックします。

スタイルを適用する

コクリエイターでは、イラストや写真に5種類の特殊な効果を追加して、楽しい画像に加工することができます。スタイルの効果は、[創造性]のスライダーで、創造性の適用量を強く指定するほど、高く適用されます。

▼［水彩］　　　　　　　　　▼［油絵］　　　　　　　　　▼［インクスケッチ］

▼［アニメ］　　　　　　　　▼［ピクセルアート］

［創造性］を適用する

[創造性]のスライダーでは、元画像に適用するAIによる描画の適用量を指定します。[創造性]の適用量が低いほど元画像に近く、高いほどAIによる描写の割合が高くなります。元画像のイメージを残しつつAIによる描写を追加したいときは、[創造性]を40〜60％で指定すると良いでしょう。

▼元の画像　　　　　▼創造性30％　　　　　▼創造性60％　　　　　▼創造性80％

⑥ 創造性の適用量を指定する

① スライダーをドラッグして、追加する効果の程度を指定

⑥ ［創造性］のスライダーをドラッグして、元の写真を加工する程度を指定します。

⑦ 生成された画像をキャンパスに適用する

① 生成された画像をクリック

⑦ 生成された画像をクリックし、元の写真に適用します。

⑧ 生成画像がキャンパスに適用された

⑧ 画像が適用されました。

SECTION 25

Key Word ［イメージクリエイター］と［リスタイル］の利用

思い通りの画像を生成しよう

［フォト］アプリは、Windows標準の画像管理・加工アプリですが、Copilot+PCでは［イメージクリエイター］と［リスタイル］という画像生成機能が追加されます。これらの機能の特徴や効果を確認して、自由に画像を生成してみましょう。

［イメージクリエイター］で自由に画像を生成しよう

ヒント ［イメージクリエイター］とは

［イメージクリエイター］は、［フォト］アプリに搭載された、画像生成AIツールです。Microsoft アカウントがあれば無償で利用することができ、画像生成AI「DALL-E3」を利用して画像を生成しています。プロンプトに生成する画像のイメージを入力したり、既存の写真を基に画像を生成したりすることができます。

［リスタイル］機能で既存の写真を加工してみよう

ヒント ［リスタイル］機能とは

［リスタイル］機能は、写真に効果を適用して、加工する機能です。［リスタイル］機能には、9種類のフィルターが用意されていて、フィルターの適用量や適用範囲を指定するだけで写真を簡単に加工することができます。

提示されたアイデアから画像を生成する

① [フォト]アプリを起動する

① [スタート]ボタンをクリックし、[スタート]メニューを表示して、検索ボックスで「フォト」を検索し、[開く]をクリックします。

② Microsoftアカウントにサインインする

② 左のメニューで[Image Creator]をクリックすると、Microsoftアカウントへのサインイン画面が表示されるので、[サインイン]をクリックします。

③ 気になるカテゴリをクリックする

③ アイデアの候補が一覧で表示されます。気になるカテゴリをクリックします。

④ 好きな作品のバリエーションを生成する

① 目的の作品をクリック
② [この画像のバリエーションを生成する] 🖼 をクリック

④ 気になる作品をクリックすると、プロンプト入力欄にこの作品に設定されているプロンプトが表示されます。作品の左下に表示される、[この画像のバリエーションを生成する] 🖼 をクリックします。

⑤ 保存のアイコンをクリックする

① 目的の画像をクリック
② 保存のアイコン 🖫 をクリック

⑤ 選択した画像を基に、バリエーション画像が生成されます。目的の画像をクリックし、左下の保存のアイコン 🖫 をクリックします。

⑥ 作品を保存する

① 保存先を表示
② ファイル名を入力
③ [保存] をクリック

⑥ 保存先のフォルダーを表示し、ファイル名を入力して、[保存] をクリックします。

テキストから画像を生成してみよう

1 プロンプトを入力して画像を生成する

1 画像のイメージをできるだけ詳しく入力し、[生成] をクリックします。

2 要素を追加して再生成する

2 テキストの内容に該当する画像が生成されました。下部に表示される追加したい要素をクリックし、スライダーをドラッグして創造性の適用量を指定し、[生成] をクリックします。

3 画像が生成された

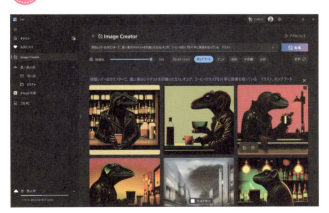

3 画像の生成がやり直され、指定した効果が追加されます。

写真のスタイルを変えて画像を生成する

1 素材の写真を選択する

① [フォト] アプリで目的の写真を選択し、上部のツールバーにある [編集] のアイコン🖉をクリックします。

2 [リスタイル] を起動する

② 編集画面に切り替わるので、上部のツールバーで [リスタイル] 🔲 をクリックします。

3 スタイルを選択する

③ リスタイルの画面が表示されます。目的のスタイル（ここでは [水彩] をクリックします）をクリックします。

創造性の適用量を指定する

① [創造性] のスライダーを
ドラッグして適用量を指定

 [水彩] スタイルが適用されます。[創造性] のスライダーをドラッグして、創造性の適用量を指定します。

> **メモ** [創造性] を適用する
>
> [創造性] のスライダーでは、元画像に適用するAIによる描画の適用量を指定します。[創造性] の適用量が低いほど元画像に近く、高いほどAIによる描写の割合が高くなります。元画像のイメージを残しつつAIによる描写を追加したいときは、[創造性] を40〜60%で指定すると良いでしょう。

ヒント 特殊効果を適用する

リスタイルでは、[ファンタジー]、[アニメ]、[シュールレアリズム]、[印象派]、[サイバーパンク]、[ルネッサンス]、[水彩]、[ペーパークラフト]、[ビジュアルアート] の9種類の特殊な効果が用意されています。スタイルの効果は、[創造性] のスライダーで、創造性の適用量を強く指定するほど、高く適用されます。

● [ファンタジー]

● [アニメ]

● [シュールレアリズム]

● [印象派]

● [サイバーパンク]

● [ルネッサンス]

● [水彩]

● [ペーパークラフト]

● [ピクセルアート]

4 Copilot+PCの便利な機能を使いこなそう

103

5 保存メニューを表示する

5 [創造性]の効果が追加されます。[保存オプション]をクリックし、保存メニューを表示します。

6 画像をコピーして保存する

6 メニューが表示されるので[コピーとして保存]を選択します。

7 画像を保存する

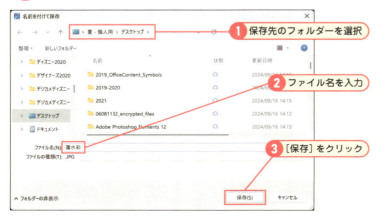

7 保存先のフォルダーを選択し、ファイル名を入力して、[保存]をクリックします。

SECTION 26 Windows Studio エフェクトの利用

リモート会議での映りを良くしよう

リモート会議が定着して体力的には楽になりましたが、背景など映り方には気を使わなければなりません。Copilot+PCには、常にセンターポジションとカメラ目線を維持できる、ビデオの映り方を自動的に補正できる機能が用意されています。

Windows Studio エフェクトってなに？

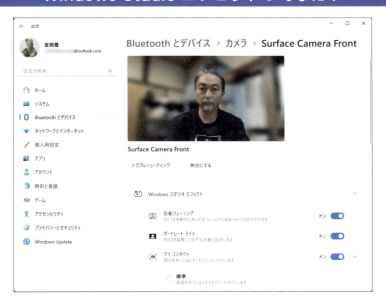

 Windows Studio エフェクトとは

「Windows Studio エフェクト」は、Copilot+PCに搭載されている前面カメラと内臓マイクに、Microsoft Copilotを利用して特殊な効果を適用できる機能です。リモート会議で、実際には画面上の資料を読んでいても、相手からは視線がカメラを見ているように補正できる「アイコンタクト」や体を動かしても常に自分が画面の中央に映る「自動フレーミング」など、さまざまな機能が用意されています。これらの効果は、Microsoft Copilotが判断した内容をNPUがほぼリアルタイムで処理できるために実現できるCopilot+PCならではの機能です。

機能		概要
背景ぼかし	［標準ぼかし］	単純なぼかし効果
	［縦向きのぼかし］	被写体を際立たせるため周囲を微妙にぼかします
アイ コンタクト	［標準］	カメラから下に外れる視線をカメラ目線に補正します
	［テレプロンプター］	画面の書類を読む目線をカメラ目線に補正します
自動フレーミング		被写体が移動しても追跡し、画面の中央に配置します
音声フォーカス		通話の音声に焦点が合わせられ、会話をはっきり再生します
ポートレート ライト		被写体の明るさや色が最適になるよう自動的に調節します
クリエイティブ フィルター		被写体にフィルター効果を追加できます。フィルターは［イラスト］、［アニメーション］、［水彩画］の3種類が用意されています

105

ビデオ通話の映り方を設定する

① [クイック設定] 画面を表示する

❶ [ネットワーク・スピーカー・電源] のアイコン をクリック

① タスクバーの [ネットワーク・スピーカー・電源] のアイコン をクリックし、[クイック設定] 画面を表示します。

② [スタジオ効果] の設定画面を表示する

❶ [スタジオ効果] をクリック

② [クイック設定] 画面が表示されるので、[スタジオ効果] をクリックします。

③ ポートレートライトを有効にする

❶ [ポートレートライト] をオンにする

③ [ポートレートライト] をオンにします。ポートレートライト機能をオンにすると、画面の明るさが自動調節されます。

> **📖 メモ　ポートレートライトを適用しよう**
>
> 「ポートレートライト」は、ビデオ通話でその場所の光の方向や明るさなどに合わせて、被写体がきれいに映るように自動的に補正する機能です。その場所の明るさに合わせて、自動的に明度や照度を最適な値に調節します。

④ 背景のぼかしを設定する

①［標準ぼかし］をクリック

④ ［縦向きのぼかし］または［標準ぼかし］をクリックして、背景のぼかし効果を追加します（次のコラムを参照）。

> **ヒント　背景をぼかそう**
>
> リモート会議などで、自宅など背景を見せたくないときは、背景をぼかしましょう。Windows Studi エフェクトには、背景をぼかす機能が［標準ぼかし］と［縦向きのぼかし］の2種類用意されています。それぞれの特徴を確認して、ぼかし効果を使い分けましょう。
> - ［標準ぼかし］：背景に強いぼかしを適用します
> - ［縦向きのぼかし］：被写体にピントが合いやすいように、背景に弱いぼかしを適用します

⑤ クリエイティブフィルターを設定する

①［アニメーション］をクリック

⑤ ［図］、［アニメーション］、［水彩画］のいずれかをクリックして、クリエイティブフィルターを有効にします（次のコラムを参照）。

> **ヒント　クリエイティブフィルターとは**
>
> 「クリエイティブフィルター」は、肌や表情をきれいに見せるために追加できる特殊効果です。クリエイティブフィルターには、［図］、［アニメーション］、［水彩画］の3種類が用意されていて、ユーザーの映り方を調整できます。なお、1度に適用できるクリエイティブフィルターは1種類のみです。また、クリエイティブフィルターを有効にしている場合、パフォーマンスを優先するために「アイコンタクト」は［標準］が適用されます。
>
> ▼［図］：コントラストが強調され輪郭や線をくっきり見せる効果が追加されます
>
> ▼［アニメーション］：肌の色が強調され鮮やかでしなやかな効果が追加されます
>
> ▼［水彩画］：全体的に水彩画のような淡い効果が追加されます
>
>

4　Copilot＋PCの便利な機能を使いこなそう

常にカメラ目線を維持するように設定する

1 次のページを表示する

1 [スタジオ効果] 画面を表示
2 ▼をクリック

1 [クイック設定] 画面で [スタジオ効果] 画面を表示し、右端の ▼ をクリックして、次の画面を表示します。

> **ヒント　アイコンタクト機能とは**
>
> 「アイコンタクト」は、ビデオ通話中にユーザーが画面上の書類などを読んでいて、カメラから視線が外れている場合に、相手から見てカメラ目線に見えるように視線を補正する機能です。アイコンタクトには、[標準] と [テプロンプター] の2種類が用意されています。
>
> ● [標準]：視線がカメラから下に外れているときに、カメラ目線に補正します。
> ● [テプロンプター]：ユーザーが画面上の資料を読んでいるときに、[標準] よりも強く視線を補正します

2 アイコンタクトを設定する

1 [アイ コンタクト：テプロンプター] をオンにする

2 [アイ コンタクト：標準] または [アイ コンタクト：テプロンプター] のいずれかをクリックして、アイコンタクト機能を追加します。

> **チェック　アイコンタクトを利用する注意点**
>
> アイコンタクトは、カメラから上下に視線が外れたときに補正します。視線を画面中央に合わせている場合には、補正の効果が高く出ますが、視線が画面の周辺に行くほど弱くなります。そのため、画面から大きく視線を外した場合は、補正されないため注意が必要です。

> **メモ　Windows Studio エフェクトは設定画面でも調整できる**
>
> このSectionでは、[クイック設定] 画面からWindows Studio エフェクトの設定方法を解説していますが、[設定] 画面から設定する方法もあります。[設定] 画面でWindows Studio エフェクトを設定するには、[設定] 画面を表示し、左のメニューで [Bluetoothとデバイス] クリックして、[カメラ] をクリックし、[接続済みカメラ] にあるパソコンの前面カメラをクリックします。表示される画面で、[自動フレーミング] や [アイコンタクト] などWindows Studio エフェクトの機能を設定できます。

常に自分が画面の中央に映るように設定する

1 [スタジオ効果] 画面で次のページを表示する

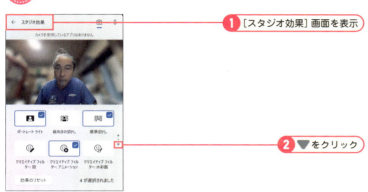

2 自動フレーム化を有効にする

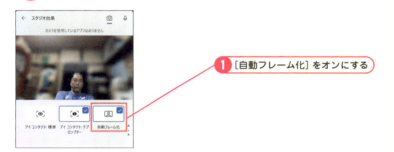

3 自動フレーム化を確認する

---

1 [クイック設定] 画面で [スタジオ効果] 画面を表示し、右端の ▼ をクリックして、次の画面を表示します。

> 💡 **ヒント** 自動フレーム化を有効にしよう
>
> 「自動フレーム化」は、ユーザーが体を動かすなどして、画面の中心から外れた場合に、ユーザーが画面の中央に来るように追跡表示できる機能です。ユーザーが画面の中に入っていれば、ユーザーが中心になるように画面を切り取って、位置を補正できます。

2 [自動フレーム化] をオンにします。体を画面の下の方にずらしてみます。

3 ユーザーを中心に拡大表示になり、ユーザーが画面の中心に移動します。

> 📖 **メモ** 音声フォーカスを有効にしよう
>
> 「音声フォーカス」は、マイクが集める音の中から会話を抽出して、はっきり再生できる機能です。音声フォーカスを有効にするには、[クイック設定] 画面で [スタジオ効果] 画面を表示し、右上にあるマイクのアイコン をクリックし、音声の設定に切り替えて、[音声フォーカス] をオンにします。
>
>
>
> ▲マイクのアイコン 🎤 をクリックし、[音声フォーカス] をオンにします

4 Copilot+PCの便利な機能を使いこなそう

109

SECTION 27 動画にリアルタイムで字幕をつけよう

Key Word　ライブキャプションの利用

動画や通話で、声が小さかったり、他の音と被ってしまったりしたときには、字幕がとてもありがたいですよね。Copilot+PCでは、動画や通話から音声を抽出して、リアルタイムで字幕を付けることができます。

ライブキャプションとは

▲字幕は画面の上部に表示されます

メモ　ライブキャプションで字幕を表示しよう

「ライブキャプション」は、動画や通話などの会話の内容を自動的に文字に起こして字幕で表示する機能です。また、日本語を含む44言語から英語へのリアルタイム翻訳も行えます。聞き取りにくい会議や通話中の会話を文字で表示したり、海外とのやり取りを英語に翻訳、字幕表示させたりすることができます。

ライブキャプションを有効にする

1 [クイック設定] 画面を表示する

1 タスクバーの [ネットワーク・スピーカー・電源] のアイコンをクリックし、[クイック設定] 画面を表示します。

② [クイック設定] 画面の次のページを表示する

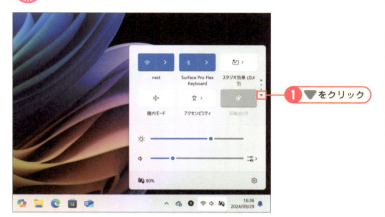

③ ライブキャプションの設定画面を表示する

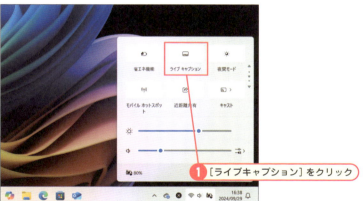

④ ライブキャプションを有効にする

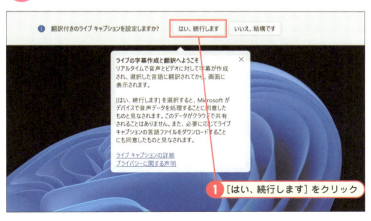

② 画面右側にある▼をクリックし、画面を切り替えます。

③ [ライブキャプション] をクリックし、ライブキャプションの設定画面を表示します。

④ ライブキャプションの設定の続行を確認するメッセージが表示されるので、[はい、続行します] をクリックします。

5 ライブキャプションが有効になった

5 ライブキャプションが有効になりました。

キャプションの言語を日本語に設定する

1 メニューを表示する

1 右にある歯車のアイコンをクリックし、メニューを表示します。

2 [言語の変更]を選択する

2 メニューで[言語を変更]をクリックします。

3 言語の一覧を表示する

3 [英語（米国）]をクリックし、言語の一覧を表示します。

④ 言語に日本語を選択する

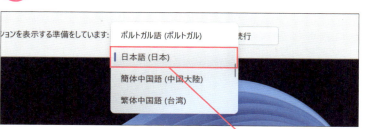

④ 言語の一覧で［日本語（日本）］を選択します。

❶［日本語（日本）］を選択

⑤ 字幕の日本語表示を設定する

⑤［続行］をクリックし、キャプションの日本語表示を設定します。

❶［続行］をクリック

⑥ 言語ファイルをダウンロードする

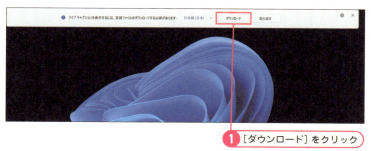

⑥ はじめての場合、日本語の言語ファイルをダウンロード・インストールする必要があります。［ダウンロード］をクリックして言語ファイルをダウンロードします。

❶［ダウンロード］をクリック

⑦ 設定画面を閉じる

⑦［閉じる］をクリックします。

❶［閉じる］をクリック

⑧ 日本語で字幕を表示できるようになった　　　⑧ 日本語でキャプションを表示する準備が完了しました。

動画にキャプションを表示させよう

① ライブキャプションを有効にする　　　① 目的の動画の再生画面を表示し、[クイック設定] 画面で [ライブキャプション] をクリックします。

❶ 動画の再生画面を表示
❷ [ライブキャプション] をクリック

> **ヒント　キャプションの配置を変更する**
>
> 字幕の位置は、初期設定では、[画面の上] に表示されていますが、[画面の下]、[画面に重ねて表示] に変更することができます。字幕の位置を変更するには、ライブキャプションを有効にし、右上の歯車のアイコンをクリックして、[位置] を選択すると表示されるメニューで目的の位置を選択します。

② 動画を再生する　　　② ライブキャプションが有効になるので、動画を再生します。

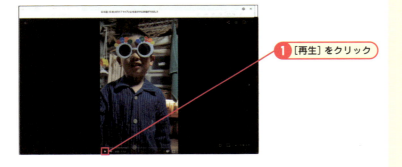

❶ [再生] をクリック

③ 動画の音声が字幕で表示された　　　③ 動画の会話が字幕として表示されます。

通話を英語に翻訳してもらおう

1 ［言語の変更］を選択する

ライブキャプションを有効にし、右上の歯車のアイコンをクリックして、表示されるメニューで［言語を変更］を選択します。

❶［言語を変更］をクリック

2 言語に［英語（米国）］を選択する

言語に［英語（米国）］を選択し、［続行］をクリックして、字幕の言語を英語に設定します。

❶［英語（米国）］を選択　❷［続行］をクリック

3 日本語の会話が英語の字幕で表示された

相手との通話を開始します。会話が英語に翻訳され、字幕に表示されます。

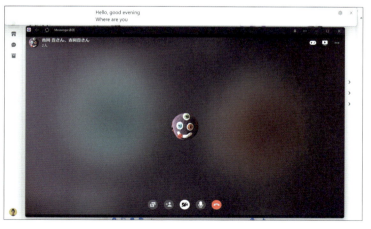

チェック　英語にのみ翻訳できる

2024年10月1日現在、ライブキャプションによる翻訳は、日本語を含む44言語から英語への翻訳のみ対応しています。英語以外の言葉をほぼリアルタイムで英語に翻訳し、字幕に表示することができます。

メモ MicrosoftのCopilot+PC

Microsoftは、「Surface Pro（第11代目）」と「Surface Laptop（第7代目）」の2種類、3機種のCopilot+PCをリリースしています。Surface Proは、キーボードと本体を分離することができ、タブレットとしてもノートパソコンとしても利用することができる優れものです。もちろんMicrosoft Copilot搭載で、ユーザーのニーズに柔軟に対応、実現することができます。

Surface Laptopは、動画を20時間以上も再生できるパワフルなバッテリーを搭載したノートパソコンです。Microsoft Copilot搭載で、仕事でもプライベートでも、最大のパフォーマンスを発揮できます。

項目	Surface Pro（第11世代）	Surface Laptop 15インチ（第7世代）	Surface Laptop 13.8インチ（第7世代）
OS	Windows 11 Home	Windows 11 Home	Windows 11 Home
スクリーン	13インチ・タッチスクリーン	15インチ・タッチスクリーン	13.8インチ・タッチスクリーン
バッテリー	14時間の動画再生可能	22時間の動画再生可能	20時間の動画再生可能
ポート	USB-C×2	USB-C×2 USB-A×1	USB-C×2 USB-A×1
解像度	最大4K	1080p	1080p
Wi-Fi	Wi-Fi 7	Wi-Fi 7	Wi-Fi 7
重量	895g	1.66kg	1.34kg
Officeアプリ	Office Home & Business 2021	Office Home & Business 2021	Office Home & Business 2021
プロセッサ	LCDディプレイ搭載 Snapdragon X Plus（10コア） OLEDディプレイ搭載 Snapdragon X Elite（12コア）	Snapdragon X Elite（12コア）	Snapdragon X Plus（10コア） Snapdragon X Elite（12コア）
NPU	Qualcomm® Hexagon™	Qualcomm® Hexagon™	Qualcomm® Hexagon™
GPU	Qualcomm® Adreno™ GPU	Qualcomm® Adreno™ GPU	Qualcomm® Adreno™ GPU
メモリ	16 GB、32 GBまたは 64 GB32 LPDDR5x RAM	6 GB、32 GBまたは 64 GB32 LPDDR5x RAM	6 GB、32 GBまたは 64 GB32 LPDDR5x RAM
ストレージ	リムーバブル ソリッド ステート ドライブ（Gen 4 SSD）のオプション：256GB、512GB、1TB	リムーバブル ソリッド ステート ドライブ（Gen 4 SSD）のオプション：256GB、512GB、1TB	リムーバブル ソリッド ステート ドライブ（Gen 4 SSD）のオプション：256GB、512GB、1TB

5章

Microsoft 365で
Microsoft Copilotを
使ってみよう

ExcelやWord、PowerPointな ど、Microsoft 365の
アプリでも、Microsoft Copilotを使うことができます。
ただし、Microsoft 365でCopilotを使うには、有料プ
ランに加入する必要があります。Microsoft Copilotの
有料プランには、個人向けのCopilot Proと企業向けの
Copilot for Microsoft 365の2つがあります。この章
では、Copilot Proに加入し、Microsoft 365でMicrosoft
Copilotを利用する手順を解説します。

SECTION | Key Word | Copilot Pro の概要

28 Copilot Proとは

Copilot Proは、個人ユーザー向けの有料プランで、ExcelやWord、PowerPointなどMicrosoft 365のアプリでMicrosoft Copilotの機能を利用できます。無料版に比べて多くの機能を利用でき、Microsoft Copilotへのアクセスも優先的に実行されます。

Copilot Proとは

「Copilot Pro」は、個人ユーザー向けの有料プランで、Microsoft 365契約ユーザーであればExcelやWord、PowerPointなどのアプリでMicrosoft Copilotの機能を利用できます。また、Microsoft 365の利用者ではなくても、Web版のExcel、Word、PowerPoint、OutlookでMicrosoft Copilotを利用できます。なお、Copilot Proを利用するには、月額3200円の利用料がかかります。

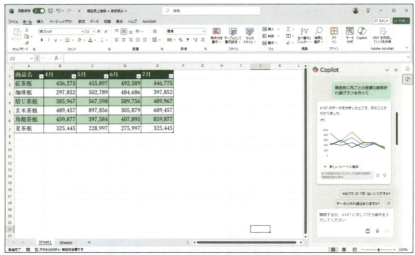

▲Copilot Proは、ExcelやWordなどMicrosoft 365アプリと連携させることができます

Copilot Proと無料のMicrosoft Copilotの違い

Copilot Proと無料版Microsoft Copilotとの最も大きな違いは、ExcelやWordなどMicrosoft 365のアプリにMicrosoft Copilotの機能が組み込まれることです。それぞれのアプリの[ホーム]リボンには[Copilot]ボタンが表示され、そこからMicrosoft Copilotを呼び出し、リクエストを送信できます。

また、Microsoft Copilotへのアクセスが優先され、すばやく結果を表示することができます。画像生成も無料版の場合、高速生成は1日15回（15ブースト）までですが、Copilot Proでは100回（100ブースト）まで行えます。その他にも、次の表のような違いがあります。

項目	Copilot Pro	無料版
1日の最大チャット数	無制限	1日300チャット
1チャットあたりのターン数	無制限	30ターンまで
画像生成のブースト回数	100回	15回分
リセットタイミング	24時間ごと	24時間ごと
Microsoft 365との連携	Excel/Word/PowerPoint/OneNote/Outlook	不可
Web版Microsoft 365との連携	Excel/Word/PowerPoint/OneNote/Outlook	不可
GPT-4/GPT-4Turboの利用	優先的に利用可	ピーク時は不可

Copilot ProとCopilot for Microsoft 365の違い

「Copilot for Microsoft 365」は、Microsoft 365のビジネスプラン契約企業に提供されるサービスです。Excel、Word、PowerPoint、OneNote、Outlookに加え、TeamsやLoop、FormsにもMicrosoft Copilotが組み込まれています。Teamsとの連携が可能になることで、リモート会議の文字起こしや議事録の作成など、業務を効率的に進めることができます。また、社内のMicrosoft 365ユーザーのメール、カレンダー、ファイルなどをデータソースとして、業務に活用することもできます。なお、Copilot for Microsoft 365は、1ユーザーあたり月額3750円の利用料がかかります。

Copilot Pro   Copilot for Microsoft 365

小規模・個人業務

大規模・共同作業

SECTION 29　Key Word　Copilot Proの導入

Copilot Proを導入する

Copilot Proは、有料サービスのため、加入の申し込みが必要です。Copilot Proへの加入は、Microsoft Copilot ProのWebページを表示し、[無料試用版をお試しください]をクリックして、個人情報を登録します。

Copilot Proに加入する

1 Microsoftアカウントにサインインする

1 [サインイン]をクリックしてMicrosoftアカウントにサインイン

① Copilot ProのWebページを表示して、[サインイン]をクリックし、Microsoftアカウントにログインします。

2 無料試用版の利用を申し込む

1 [無料試用版をお試しください]をクリック

② [無料試用版をお試しください]をクリックします。

💡ヒント　Copilot Proを解約するには

Copilot Proを解約するには、EdgeでMicrosoftアカウントの[サービスとサブスクリプション]ページを表示し、Microsoft Copilot Proの[管理]をクリックすると表示される画面で[サブスクリプションのキャンセル]をクリックします。

③ Copilot Proへの加入を申し込む

① 支払い方法を確認
② [試用版を開始して、後で支払う] をクリック

④ Copilot Proへの加入が完了した

⑤ Microsoft 365アプリで Copilotが使用できるようになった

⑥ Web版Microsoft 365のアプリで Copilotが使用できるようになった

③ 支払い方法を確認し、[試用版を開始して、後で支払う] をクリックします。

> **メモ　Copilot Proが対応するアプリ**
>
> Copilot Proは、Microsoft 365のアプリに組み込まれ、それぞれのアプリで効率よく作業できる機能が用意されています。ただし、Microsoft 365で対応しているアプリは、Excel、Word、PowerPoint、Outlook、OneNoteに限られ、TeamsやLoopなどは含まれていません。Teamsを使って共同作業をしたいときは、Microsoft 365のビジネスプランを契約の上、Copilot for Microsoft 365に加入する必要があります。

④ Copilot Proへの加入が完了しました。

⑤ Copilot Proに加入すると、[ホーム] リボンに [Copilot] ボタンが表示され、クリックすると画面右側に [Copilot] 作業ウインドウが表示されます。

⑥ Web版のMicrosoft 365アプリでも [ホーム] リボンに [Copilot] ボタンと [Copilot] 作業ウインドウを利用できます。

SECTION 30　Key Word　Excel での Microsoft Copilot の利用

ExcelでMicrosoft Copilotを使ってみよう

Excelでは、Microsoft Copilotにテキストでリクエストするだけで、テーブルから特定のレコードを抽出したり、特定の項目を集計したりすることができます。また、書式を指定したり、特定のデータを強調したりするなど、工夫次第で便利に利用できます。

Microsoft Copilotを利用する準備をする

① テーブルの範囲を指定する

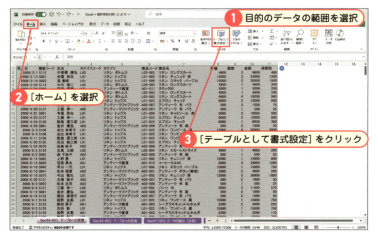

① 目的のデータの範囲を選択
② [ホーム]を選択
③ [テーブルとして書式設定]をクリック

① 表全体を選択し、[ホーム]リボンの[テーブルとして書式設定]をクリックし、テーブルの書式一覧を表示します。

> **ヒント　テーブルに変換する**
>
> ExcelでCopilot Proを利用する場合、この手順に従って表をテーブル形式に変換する必要があります。「テーブル」とは、「売上日/カテゴリID/カテゴリ名/商品ID/商品名/単価/個数/金額」といった関連のあるデータのまとまり「レコード」を積み上げた表のことです。テーブル形式では、見出しにフィルターメニューが用意されていて、金額を集計したり、特定の商品のレコードを抽出したりできるなど、データを簡単な操作で分析することができます。

② テーブルのスタイルを指定する

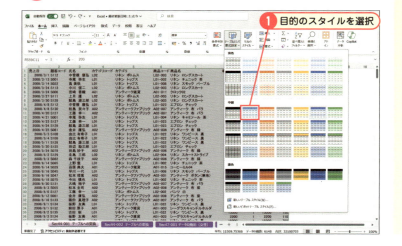

① 目的のスタイルを選択

② 目的のスタイルを選択します。

③ テーブルの範囲と見出し行を指定する

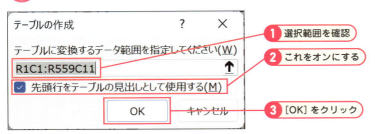

① 選択範囲を確認
② これをオンにする
③ [OK] をクリック

③ 選択した範囲が自動的に指定されるので確認し、[先頭行をテーブルの見出しとして使用する]をオンにし、[OK]をクリックします。

④ 表がテーブルに変換された

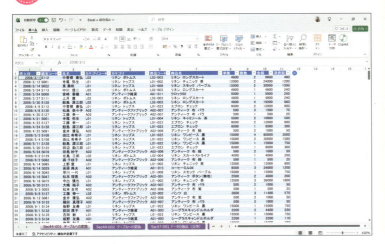

④ 表がテーブルに変換され、選択したスタイルが適用されます。

特定の項目のレコードを非表示にする

① [Copilot] 作業ウインドウを表示する

① [ホーム] をクリック
② [Copilot] をクリック

① [ホーム] リボンを表示し、[Copilot]をクリックして、[Copilot] 作業ウインドウを表示します。

> ⚠ チェック **[Copilot] ボタンが表示されない**
>
> Copilot Pro に加入した直後には、Excel や Word などのアプリに [Copilot] ボタンが表示されないことがあります。この場合は、まずアプリを再起動してみましょう。それでも表示されない場合は、[ファイル] タブをクリックすると表示される画面下部で [アカウント] をクリックします。[アカウント] 画面にある [更新オプション] をクリックし、表示されるメニューで [今すぐ更新] を選択してアプリをアップデートします。

❷ レコードの非表示をリクエストする

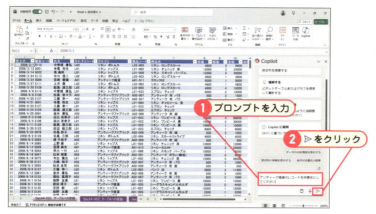

❷ プロンプトに「アンティーク雑貨のレコードを非表示にしてください」と入力し、▷ をクリックします。

プロンプト▶アンティーク雑貨のレコードを非表示にしてください

❸ 回答の内容を適用する

❸ リクエストへの回答が表示されるので、内容を確認し、[適用] をクリックします。

📖 メモ　レコード単位でリクエストしよう

プロンプトでMicrosoft Copilotにリクエストする場合、「データを抽出して」や「データを非表示にして」と入力しがちです。しかし、「データ」という場合、1つのデータを意味するため、エラーが返って来たり、誤った回答を提示したりすることがあります。一連のデータを処理したい場合は、「レコードを抽出して」や「レコードを非表示にして」のように対象をレコードに指定しましょう。

❹ 指定したレコードが非表示になった

❹ 「アンティーク雑貨」のレコードが非表示になりました。

💡 ヒント　元の状態に戻すには

Microsoft Copilotの処理を実行した後、元の状態に戻したい場合は、[Copilot] 作業ウインドウに表示されている [元に戻す] をクリックします。また、キーボードで [Ctrl]+[Z] キーを押したり、[クイックアクセスツールバー] で [元に戻す] をクリックしたりしても元の状態に戻すことができます。

特定のデータを強調しよう

① [色と書式設定の適用] のメニューを表示する

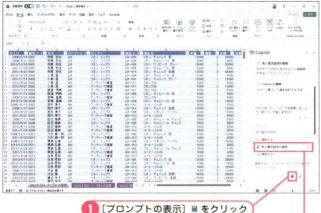

① [プロンプトの表示] ■ をクリック
② [色と書式設定の適用] をクリック

② 強調表示のプロンプトを選択する

① [次のものを強調表示する] を選択

③ 強調表示の対象を指定する

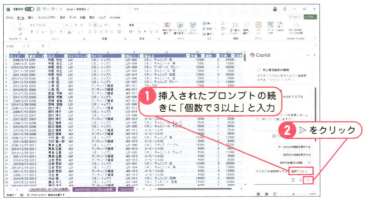

① 挿入されたプロンプトの続きに「個数で3以上」と入力
② ▷ をクリック

① [プロンプトの表示] のアイコン ■ をクリックし、[色と書式設定の適用] を選択します。

> **メモ　質問をリセットしよう**
>
> Microsoft Copilotに関連のない複数のリクエストを送信すると、前の質問との関連を誤解して、間違った回答を返すことがあります。質問を変えるときは、[トピックを変更] をクリックし、それまでの質問をリセットしてからリクエストしましょう。

▲質問や話題を変えるときは [トピックを変更] をクリックしましょう

② [次のものを強調表示する] を選択します。

③ プロンプトの入力ボックスに「次のものを強調表示する」と挿入されるので、強調する内容を入力し、▷ をクリックします。ここでは、「個数で3以上」を入力します。

④ Copilotの回答を適用する

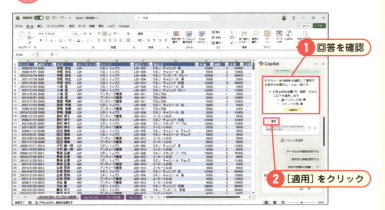

④ Copilotの回答の内容を確認し、[適用] をクリックします。

① 回答を確認
② [適用] をクリック

⑤ 個数が3以上のデータが強調された

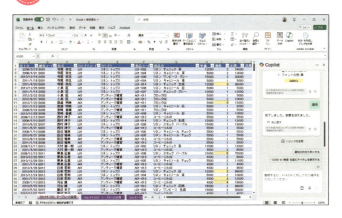

⑤ 個数が「3」以上のデータが強調表示されます。

💡ヒント [プロンプトの表示] メニューを活用しよう

[プロンプトの表示] は、プロンプトの入力ボックスの下部に用意されている、データの見せ方を提案するメニューです。[数式の作成]、[理解する]、[色と書式設定の適用] の3つが用意され、それぞれに4つのプロンプトが用意されています。目的のプロンプトを選択すると、入力ボックスに選択したプロンプトが挿入されるので、対象となるデータや条件を追記します。なお、[プロンプトの表示] には、次のようなメニューが用意されています。

メニュー	サブメニュー	例
数式の作成	数式列の候補を生成する	
	次の要素を加えた列を追加する	顧客の姓と名
	次のものを抽出した列を追加する	日付から月
	次のものを計算した列を追加する	注文ごとの利益
理解する	データに関する分析情報を表示する	
	以下の割合を表示する	各分野からの合計収益
	次のものの個数を表示する	このテーブル上にあるチーム
	次の条件に当てはまる項目を表示する	在庫が多いアイテム
色と書式設定の適用	次のものを強調表示する	最も予算が低い項目5つ
	次の条件で並べ替えする	ユーザーエンゲージメントが小さい項目から大きい項目
	次の要素で絞り込む	今月の商品
	赤黄緑のカラースケールを次の列に適用する	合計列
質問する	任意の質問をしよう	

データを並べ替えてみよう

① データの並べ替えをリクエストする

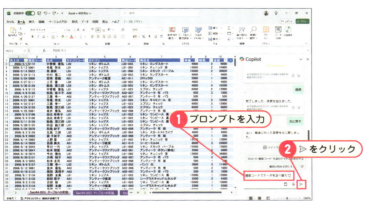

① プロンプトに「顧客コードでデータを並べ替えて」と入力し、▷ をクリックします。

プロンプト▶顧客コードでデータを並べ替えて

❶ プロンプトを入力
❷ ▷ をクリック

② Copilotの回答を適用する

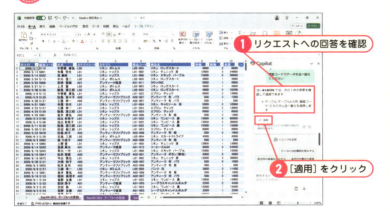

② リクエストへの回答が表示されるので確認し、[適用] をクリックします。

❶ リクエストへの回答を確認
❷ [適用] をクリック

③ 顧客コードでデータが並べ替えられた

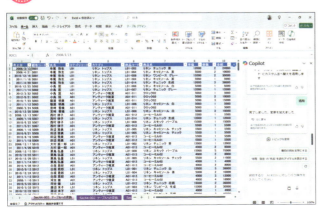

③ 顧客コードでデータが並べ替えられました。

特定のキーワードを含むレコードを抽出する

1 レコードの抽出をリクエストする

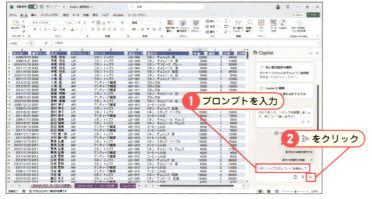

① プロンプトに「リネントップスのレコードを抽出して」を入力し、▷ をクリックします。

> プロンプト▶リネントップスのレコードを抽出して

2 Copilotの回答を適用する

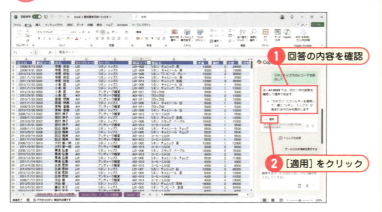

② リクエストへの回答を確認し、[適用]をクリックします。

3 指定したレコードが抽出された

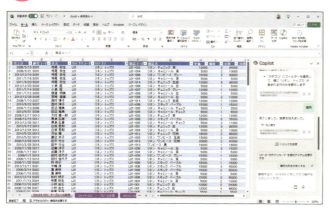

③ 「リネントップス」のレコードが抽出されました。

128

特定の項目の値を集計する

① データの集計をリクエストする

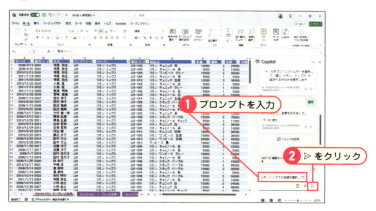

① テーブルから「リネントップス」のレコードが抽出されたテーブルで、プロンプトに「[リネントップス]の金額を集計して」と入力し、▷ をクリックします。

プロンプト▶リネントップスの金額を集計して

② 集計結果を適用する

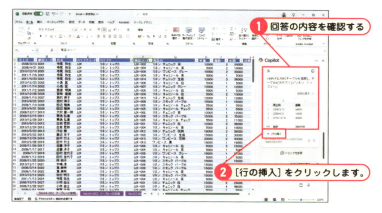

② リクエストへの回答の内容を確認し、[行の挿入]をクリックします。

③ 指定したデータが集計された

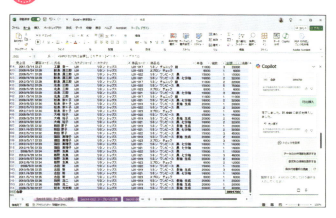

③ テーブルの末尾に行が追加され、「リネントップス」の「金額」の集計が表示されます。

5 Microsoft 365でMicrosoft Copilotを使ってみよう

商品の合計値が表示された列を追加する

① 合計値を表示する列の追加をリクエストする

① プロンプトに「各商品の合計値を表示する列を追加して」と入力し、▷ をクリックします。

> プロンプト：各商品の合計値を表示する列を追加して

② 合計値を表示する列を追加する

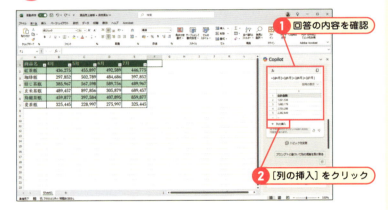

② リクエストへの回答の内容を確認し、[列の挿入]をクリックします。

> **ヒント　合計値を表示する列を追加する**
>
> プロンプトで「商品の合計値を表示する列を追加して」とリクエストすると、商品ごとの売上額の合計値を表示する列が追加されます。その際、月の売り上げを合計する計算式も自動的に生成され、計算式を入力したり、セルをコピーしたりする手間を省くことができます。

③ [合計金額] の列が追加された

③ 表の右に [合計金額] の列が追加されました。

データからグラフを生成しよう

1 グラフの生成をリクエストする

1 プロンプトを入力
2 ▷ をクリック

1 プロンプトに「商品ごとの月別の売上の推移を表す折れ線グラフを作って」と入力し、▷をクリックします。

プロンプト▶商品ごとの月別の売上の推移を表す折れ線グラフを作って

2 新しいシートにグラフを挿入する

1 [新しいシートに追加] をクリック

2 Copilotがグラフを生成するので、[新しいシートに追加]をクリックし、グラフを新しいシートに挿入します。

3 グラフの行と列を入れ替える

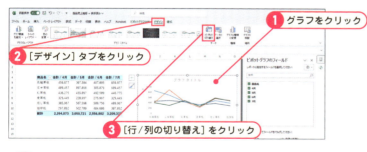

1 グラフをクリック
2 [デザイン] タブをクリック
3 [行/列の切り替え] をクリック

3 新しいシートが追加され、グラフとピボットテーブルが挿入されます。グラフをクリックし、[デザイン]タブを選択して、[行/列の切り替え]をクリックし、グラフの行と列を入れ替えます。

4 適切にグラフが表示された

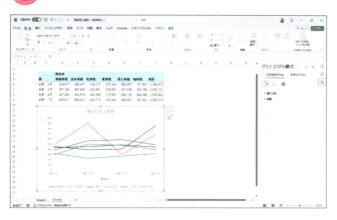

4 商品名が凡例に表示され、適切がグラフに修正されました。グラフを移動し、タイトルを編集して、グラフを完成させます。

SECTION 31 🔑Key Word Word での Microsoft Copilot の利用

WordでMicrosoft Copilotを使ってみよう

Wordでは、Microsoft Copilotの機能を利用して、書類の下書きを作成したり、修正案を提示してもらったりすることができます。また、箇条書きなどのテキストから表を作成することもできます。WordのMicrosoft Copilotを使って効率的に書類を作成しましょう。

文書の下書きを作ってもらおう

1 [Copilotを使って下書き] ダイアログボックスを表示する

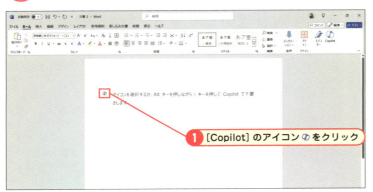

> **1** Copilot Pro加入後にWordを起動すると、このようなMicrosoft Copilotの使用法が表示されます。メッセージの左に表示される [Copilot] のアイコン 🖉 をクリックします。

2 生成する書類の内容を指定する

> **2** プロンプトに「リアルなイラストを描く手順とコツをまとめて」と入力し、[生成] をクリックします。

📖 **メモ**　生成された下書きはよく精査しよう

Microsoft Copilotが生成した文書は、インターネット上の文章や画像などを参考にしています。文章や画像が流用されている可能性もあります。生成された文書は、次のような点に注意して、よく精査しましょう。Microsoft Copilotが生成したコンテンツの商用利用は禁止されていませんが、その責任は生成を実行したユーザーに帰属します。

- 固有名詞、個人情報が含まれていないか
- 個人を特定できる写真や情報が含まれていないか
- 他の人が作成した作品や文章が流用されていないか

③ 下書きを保持する

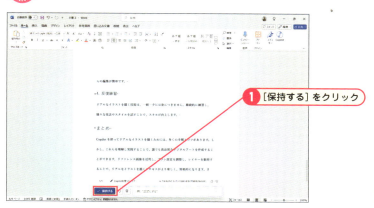

③ 指定した内容の文書の下書きが生成されるので、[保持する]をクリックします。なお、再度生成し直す場合は[再生成]を、文書を削除する場合は[破棄]をクリックします。

④ 下書きの作成が完了した

④ 文書の下書きが生成されました。

長い文書を要約してみよう

① 文書の要約をリクエストする

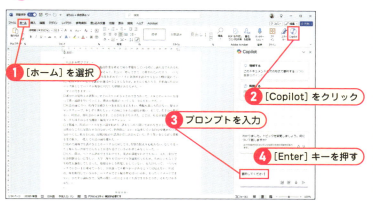

① [ホーム]リボンを表示し、[Copilot]をクリックして、[Copilot]作業ウィンドウを表示します。プロンプトに「要約してください」と入力し、キーボードで[Enter]キーを押します。

ヒント 文字数を指定してみよう

長い文書は、読むのに時間と手間がかかります。効率的に読むためにもMicrosoft Copilotで文書の要約を作成しましょう。ただし、「要約して」とだけリクエストすると、数行程度の短い要約文が返ってきます。ある程度、内容に踏み込んだ要約文が必要な場合は、「2000字程度」など文字数を指定すると良いでしょう。

② **文書の要約が表示された**

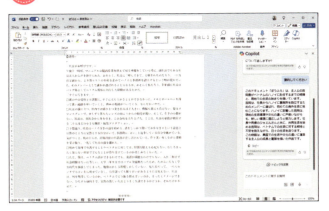

② 文書の要約が表示されます。コピーして活用する場合は、要約文の左下にある［コピー］をクリックします。

修正案を提示してもらおう

① **メニューを表示する**

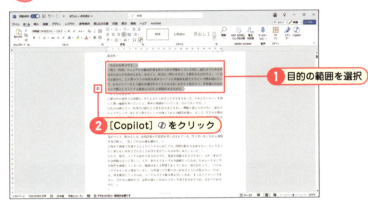

① 修正したい個所を選択し、選択範囲の左に表示される［Copilot］のアイコン ⓓ をクリックします。

② **文章の書き換えをリクエストする**

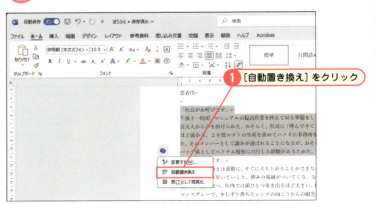

② メニューが表示されるので、［自動置き換え］をクリックします。

134

③ 修正案が提示される

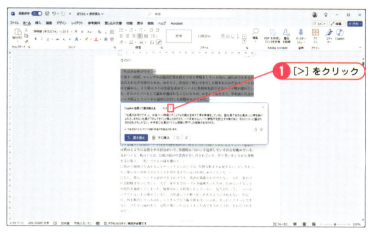

❶ [>] をクリック

③ 修正案が表示されるので、内容を確認します。[>] をクリックすると次の案が表示されます。

> **チェック　修正案がベストとは限らない**
>
> この手順に従うと、Microsoft Copilot に元の文章の修正案を提示してもらうことができます。誤字や読みづらい表現を修正し、正しい文章に書き変えてくれます。ただし、言葉のニュアンスが変わってしまったり、誤解を招く表現になってしまったりすることもあります。修正案を無条件で適用するのではなく、必ず読み返してさらに修正を加えるようにしましょう。

④ 元の文章を修正案に置き換える

❶ [置き換え] をクリック

④ 修正案が気に入ったら、[置き換え] をクリックすると、選択範囲が表示中の修正案に置き換わります。見比べてみたいときは、[下に挿入] をクリックすると選択範囲の下に挿入されます。

⑤ 修正案が適用された

⑤ 修正案が適用されました。

箇条書きを表にしてみよう

① メニューを表示する

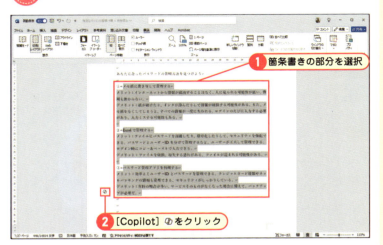

① 箇条書きの部分を選択
② [Copilot] ⑫ をクリック

①箇条書きの範囲を選択し、[Copilot] のアイコン ⑫ をクリックします。

② 箇条書きを表に変換する

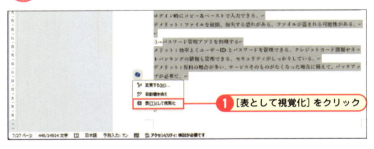

① [表として視覚化] をクリック

②メニューが表示されるので、[表として視覚化] を選択します。

③ 箇条書きから表が生成されました

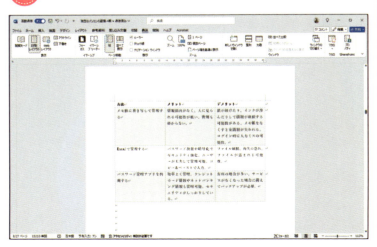

③選択範囲のテキストから表が生成されました。

SECTION 32 PowerPointでMicrosoft Copilotを使ってみよう

PowerPointでのMicrosoft Copilotの利用

Microsoft 365のアプリの中で、Microsoft Copilotが組み込まれて最も便利になったアプリのひとつにPowerPointがあります。プレゼンテーションの下書きを生成できたり、スライドに使用する画像を生成できたりするなど、作業の効率を大幅に高めています。

プレゼンテーションの下書きを生成する

1 新しいプレゼンテーションを作成する

PowerPointを起動し、[新しいプレゼンテーション]をクリックします。

1 [新しいプレゼンテーション]をクリック

2 プレゼンテーションの生成画面を表示する

新しいプレゼンテーションが作成されます。スライドの左上に表示される[Copilot]のアイコンをクリックし、メニューで[以下についてのプレゼンテーションを作成する]をクリックします。

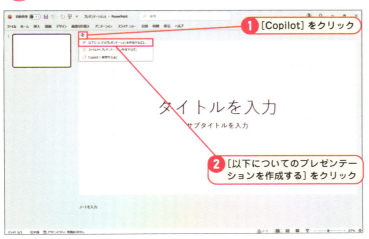

1 [Copilot]をクリック
2 [以下についてのプレゼンテーションを作成する]をクリック

> ⚠️ **チェック** Wordファイルからプレゼンテーション作成は使えない
>
> 手順2のメニューには[ファイルからプレゼンテーション作成する]というメニューがありますが、Copilot Proではファイルを基にプレゼンテーションを作成することはできません。この機能を利用するには、Copilot for Microsoft 365への加入が必要です。

③ プレゼンテーションの主旨と内容を指定する

① プロンプトを入力

② ➡をクリック

③ プレゼンテーションの内容とスライドの枚数などを入力し、➡をクリックします。

> **📖 メモ　プレゼンテーションの構成を確認しよう**
>
> 手順4の図では、プレゼンテーションのアウトラインが生成されます。スライドの内容や順番を確認し、必要なら編集しましょう。スライドの順序を変更するには、目的のスライドにマウスポインタを合わせると左側に表示されるアイコン ⋮⋮ を目的の位置までドラッグします。また、不要なスライドは、マウスポインタを合わせると右側に表示されるごみ箱のアイコン 🗑 をクリックして削除しましょう。

④ プレゼンテーションの構成が生成された

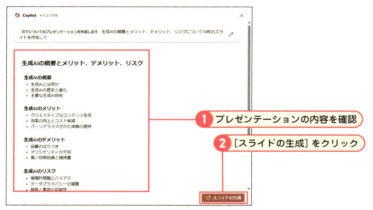

① プレゼンテーションの内容を確認

② [スライドの生成] をクリック

④ プレゼンテーションのスライド単位のタイトル、見出しが表示されるので、内容を確認し、[スライドの生成]をクリックします。

⑤ プレゼンテーションが生成された

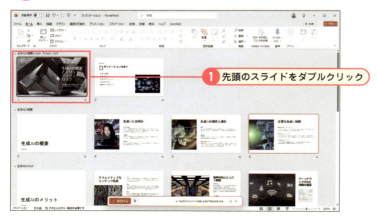

① 先頭のスライドをダブルクリック

⑤ プレゼンテーションが生成されました。先頭のスライドをダブルクリックします。

⑥ **スライドが表示された**

⑥ スライドが表示されました。下書きの内容を確認しながら編集しましょう。

スライドの画像を差し替える

① **[Copilot] 作業ウインドウを表示する**

① 画像を変更したいスライドを表示し、[ホーム] リボンを表示して、[Copilot] をクリックし [Copilot] 作業ウインドウを表示します。

② **画像を削除する**

② [Copilot] 作業ウインドウが表示されます。目的の画像をクリックして選択し、キーボードで [Delete] キーを押して画像を削除します。

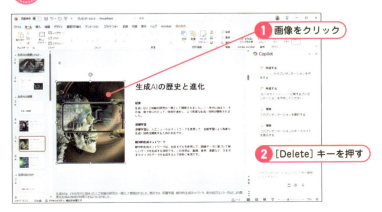

5 Microsoft 365でMicrosoft Copilotを使ってみよう

139

③ [プロンプトの表示] メニューを表示する

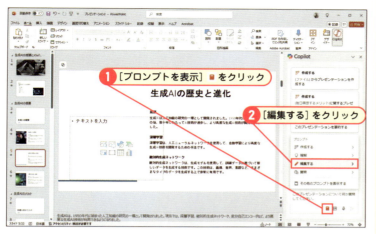

③ 画像が削除されます。[プロンプトの表示] ■ をクリックし、[編集する] を選択してメニューを表示します。

④ 画像追加のプロンプトを挿入する

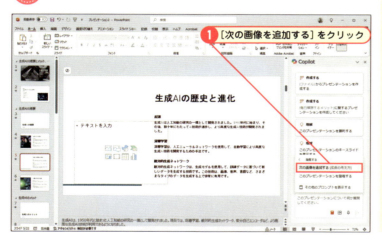

④ メニューが表示されるので、[次の画像を追加する] をクリックします。

 メモ　スライドを整理する

スライドの枚数が多い場合には、Microsoft Copilotにスライドの整理を任せてみましょう。Microsoft Copilotにスライドの整理を依頼すると、カテゴリごとにスライドを分類して、適切な順序に並べ直してくれます。また、見出しとなるスライドも追加されます。スライドの整理をリクエストするには、[プロンプトの表示] のアイコン ■ をクリックし、メニューで [編集する] → [このプレゼンテーションを整理する] をクリックすると、セクションの置き換えについて確認する画面が表示されるので、[はい] をクリックします。

◀ [プロンプトの表示] ■ をクリックし、[編集する] → [このプレゼンテーションを整理する] を選択します

⑤ 画像の追加をリクエストする

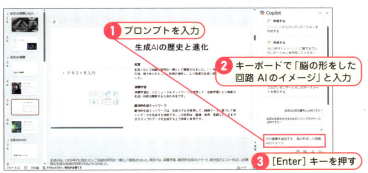

⑤ 自動的に「次の画像を追加する」と表示されるので、その続きに、イラストのイメージをテキストで入力し、キーボードで[Enter]キーを押します。

プロンプト▶「脳の形をした回路 AIのイメージ」

⑥ 画像が生成された

⑥ 画像が生成されました。目的の画像をクリックして選択し、[挿入]をクリックします。

⑦ スライドの画像を差し替える

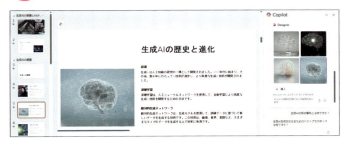

⑦ スライドの画像が差し替えられました。

📖 メモ　プレゼンテーションを予習しよう

[プロンプトの表示]のアイコンをクリックすると表示されるメニューの[理解]には、プレゼンテーションを要約したりキーポイントとなるスライドを提示したりする機能が用意されています。これらの機能を利用し、プレゼンテーションを予習して、発表の練習に役立てましょう。

● [理解]に用意されている機能
[このプレゼンテーションを要約する]：プレゼンテーションの要約を作成できます
[このプレゼンテーションに日付や期限があれば教えてください]：日付や期限日が含まれる情報の有無とその情報を抽出してくれます
[実施項目の表示]：プロジェクトなどをプレゼンテーションする場合に、その行動リストを提示してくれます。
[このプレゼンテーションのキースライドを表示する]：プレゼンテーションのキーポイントとなるスライドを一覧表示します

SECTION 33

 Key Word　Outlookでの Microsoft Copilot の利用

OutlookでMicrosoft Copilotを使ってみよう

OutlookではMicrosoft Copilotの機能を使って、長いメールを要約したり、メールの下書きを生成したりすることができます。メールの生成では、メールの目的や相手によって、言葉の調子や長さなどを調節することができて大変便利です。

メールを要約してもらおう

1 メールの要約をリクエストする

[Copilotによる要約] をクリック

1 目的のメールを表示し、[Copilotによる要約] をクリックします。

> **チェック　古いOutlookでは使えない**
>
> Microsoft Copilotは、古いOutlook（Outlook for Microsoft 365）では利用できません。2024年10月にリリースされた新しいOutlook（Outlook for Windows）を入手しましょう。新しいOutlookは、Microsoftストアからダウンロードすることができます。

2 メールが要約された

2 メールの内容が要約されます。

> **ヒント　要約に対応しているメールアカウント**
>
> メールの要約機能は、Outlook、Hotmail、Live.com、MSN.comのメールアカウントと職場・学校のメールアカウントに対応しています。Gmail、Yahoo!、iCloudなどのメールアカウントはCopilotの要約機能に対応していません。

新規メールを生成してもらおう

① 新規メールの作成画面を表示する

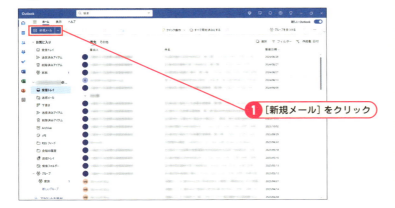

① ［新規メール］をクリックし、新規メールの作成画面を表示します。

② ［Copilotを使って下書き］ダイアログボックスを表示する

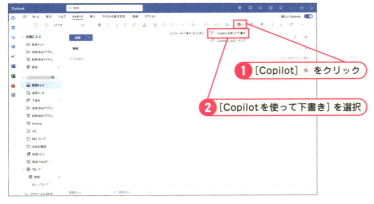

② ［Copilot］をクリックし、メニューで［Copilotを使って下書き］を選択します。

③ メールの下書き生成をリクエストする

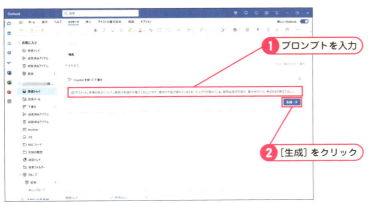

③ メールの形式や内容をできるだけ詳しくプロンプトに入力し、［生成］をクリックします。

> プロンプト▶ビジネスメール。原稿の修正について。期限は来週の月曜とのことですが、機材の手配が遅れているため、仕上がりが遅れている。期限延長が可能か、最大何日くらい伸ばせるのか教えて欲しい。

4 メニューを表示する

① [他に変更することはありますか?] をクリック

④ メールが生成されます。内容を確認し、[他に変更することはありますか?] をクリックしてメニューを表示します。

5 長いメールに書き直させる

⑤ メニューで [長くする] を選択すると、メールが長い文章に書き直されます。

 ヒント メールの調子や長さを調整する

メールの場合、相手によって敬語での表現が必要だったり、最小限の文章で簡潔に伝える必要があったりさまざまです。Copilotのメール生成機能では、相手や目的に合わせてメールの調子と長さを指定することができます。メールの調子は、フォーマル、ダイレクト、カジュアルの3つから選択でき、メールの調子は「長く」と「短く」の2種類が用意されています。これらの機能をうまく組み合わせて、適切なメールを作成してみましょう。

❶ [長くする]：メールを長く書き換えます
❷ [短くする]：メールを短く書き換えます
❸ [よりフォーマルな表現にする]：丁寧な言葉遣いに書き換えます
❹ [よりダイレクトな表現にする]：シンプルで直接的な言葉遣いに書き換えます
❺ [よりカジュアルな表現にする]：シンプルでフレンドリーな印象の言葉遣いに書き換えます
❻ [詩的にする]：体言止めなど詩的な表現に書き換えます

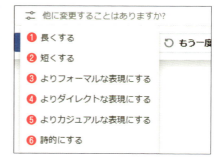

6 生成されたメールを保持する

① [保持する]をクリック

→ 6 内容を確認したら、[保持する]をクリックします。

7 メールを編集する

→ 7 生成されたメールがメール作成画面に挿入されます。メールは、改行したり、内容を変更したりし編集しましょう。

8 メールが完成した

→ 8 メールが完成しました。

メールへのアドバイスをもらおう

1 メニューを表示する

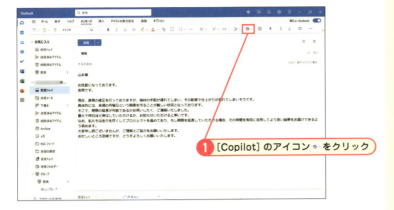

① [Copilot] のアイコン 💠 をクリック

① メールを作成し、[Copilot] のアイコン 💠 をクリックします。

2 メールへのアドバイスをリクエストする

① [Copilotによるコーチング] を選択

② メニューが表示されるので [Copilotによるコーチング] を選択します。

3 Microsoft Copilotからのアドバイスが表示された

③ メールの [トーン] や [閲覧者の感情]、[明瞭さ] で、良い点、改善点などが指摘されます。

6章

Microsoft Copilotを
毎日のビジネスに応用する

Microsoft Copilotの実力を最大限に活かすには、何より
もまず適切なプロンプトが重要です。「この文書を要約し
て」など、ざっくりとしたプロンプトでリクエストする
と、ざっくりとした回答しか返ってきません。確かに要約
されているけれど、論点がぼやけていて何が重要なのか
わかりづらいケースがほとんどです。この章では、
Microsoft Copilotをビジネスで活かすためのプロンプ
トについて解説します。

SECTION 34　プロンプトこそがCopilot活用のカギ

Key Word　プロンプトの重要性

Microsoft Copilotは、生成AIです。ニュアンスを察したり、空気を読んだりすることはできません。その代わり、丁寧に指示すると、指示した通りに動いてくれます。プロンプトの書き方をマスターして、Microsoft Copilotを使いこなしましょう。

プロンプトの書き方を学ぼう

「プロンプト」とは、生成AIに対して会話形式で出す指示や質問のことです。Microsoft Copilotは、自然な会話形式のプロンプトに対話しているため、人に話しかけるようにリクエストするだけで、必要な情報を生成することができます。しかし、「あれ、やっておいて」と言われて、何をすればいいのかわからないように、Microsoft Copilotも雑なリクエストには雑な回答しか返すことができません。逆に具体的で丁寧なリクエストには、ユーザーの意図した通りの仕事をしてくれます。Microsoft Copilotを業務で活用するには、Microsoft Copilotが理解しやすいプロンプトの書き方を知っておいた方が良いでしょう。

プロンプトの重要性

　Microsoft Copilotは、これまでに学習した膨大なデータの中から、適切な情報を抽出して回答を生成します。ユーザーが必要な回答を生成させるには、望む回答の内容や形式、分量をプロンプトでできるだけ詳細に指定する必要があります。プロンプトを適切に記述できれば、次のような効果を見込めます。

● 精度の高い回答を生成できる
　プロンプトで必要な情報の内容は表現の条件などを詳細に指定するほど、回答の精度が高くなり、質の良い情報を返します。また、文章や箇条書きなどを使い分けてMicrosoft Copilotが理解しやすい形式でプロンプトを記述することも大切です。

● 誤った回答を減らすことができる
　精度の高いプロンプトを使用し続けることで、誤った回答を減らすことができます。また、プロンプトの構成や条件の設定を工夫することで、より発展的でクリエイティブな回答を生成することできます。

● Microsoft Copilot活用の幅が広がる
　プロンプトの書き方を意識して、繰り返しMicrosoft Copilotを利用することで、回答のクセやパターンを見つけることができます。こういったクセやパターンを利用して、プロンプトを使い分けることで、Microsoft Copilotの活用方法の幅が広がります。プロンプトの書き方を変えながら、回答のパターンを見つけてみましょう。

Microsoft Copilotをアシスタントとして扱おう

　「資料をまとめておいて」と頼まれると、資料の内容を要約し、まんべんなく簡潔にまとめればいいと思いますよね。しかし、上司に持っていくと、「要点がずれてる」、「全体がぼやけてる」という評価を受けてしまう。だったら、「売上にフォーカスしてまとめて」とか「資料から最近の傾向についてまとめて」とか言ってくれればいいのに…と思いますよね。

　こういったコミュニケーションは、生成AIとのコミュニケーションにもそのまま当てはまります。Microsoft Copilotに、「資料を要約して」とリクエストすると、まんべんなくキーワードを拾って、広く大きくまとめてくれるでしょう。しかし、それでは資料を要約する意味があまりよくわかりません。

　では、「プレゼンテーションを作るから、新商品の資料を新機能を中心にまとめて」とリクエストすればどうでしょう？目的がはっきりし、資料をどのようにまとめればよいのかわかりやすくなりました。「プレゼンテーションを作るから、新商品の資料を新機能を中心にまとめて。他社製品と比較して新商品のメリットを5つ箇条書きにして」とするとさらに具体的になります。このように、Microsoft Copilotに指示、質問するときには、アシスタントに手伝ってもらうイメージでわかりやすく話しかけると良いでしょう。

精度の高いコンテンツを生成させるためのテクニック

人間同士のコミュニケーションは、言葉以外に状況を読むことが前提になっています。例えば、これから新商品についての会議があるときに、「資料を持ってきて」と言われれば、新商品に関連する資料を持っていくでしょう。しかし、

Microsoft Copilotに指示するときに、ユーザーがどのようなシーンで質問しているのか、何を必要としているのか、Microsoft Copilotは知りません。そのため、前提としての現在の状況と目標といったことをはっきり伝える必要があります。

❶目標を伝える

「新商品のプレゼンテーションを作成して」や「サービス導入のメリットとデメリットを５つずつ挙げて」など、提示して欲しい物を可能な限り具体的に伝えます。

❷背景を伝える

「編集者と生成 AI の書籍について打ち合わせをするので、」や「新商品の発表会に向けて」など、ユーザーが置かれている立場や場面を伝えます。

❸表現方法を伝える

生成するコンテンツの表現方法を指定します。「リスト形式」、「表」といった形式、「フォーマルな語調で」や「カジュアルな文体で」といったトーンなど、アウトプットの表現方法をできるだけ詳しく提示しましょう。

❹情報源を伝える

「この Web サイトから」や「議事録のファイル」といった、参照する情報源を提供します。情報源は数が多い程、正確で適切なコンテンツを生成できます。ただし、個人情報や機密事項を情報源として提示しないように気を付けましょう。

プロンプトの書き方を知っておこう

プロンプトは、必要な情報を含んでいれば、どんな形式で書いても同じ結果が表示されるわけではありません。むしろ、与える情報の順番が違っていれば、フォーカスされるポイントがずれてしまいかねません。「目標」であるアウトプットが適切に生成されるように、他の情報を配置しましょう。

●プロンプト例1

あなたは、出版社の面接を受ける志望者です。前職は、書籍の編集者でした。今回は雑誌の編集職を志望しています。面接官による質問を15個想定し、理想的な回答を箇条書きで書いてください。参照するWebサイトのURLは次の通りです。
－WebサイトのURL：https://＊＊＊＊＊＊＊＊＊
－WebサイトのURL：https://＊＊＊＊＊＊＊＊＊

●プロンプト例2

次の内容に沿って、面接官による質問を想定し、その質問に対する回答を書いてください。
#背景
あなたは、出版社の就職の面接を受ける志望者です。前職は、書籍の編集者でした。今回は雑誌の編集職を志望しています。

#条件
－質問は15個
－箇条書きにしてください

#参照
－WebサイトのURL：https://＊＊＊＊＊＊＊＊＊
－WebサイトのURL：https://＊＊＊＊＊＊＊＊＊

①目標を書く

次に「就職面接の質問を10個想定して」とか「新商品についての資料を要約して」など、具体的にアウトプットを指定しましょう。また、その内容について具体的に指定する場合は、箇条書きにすると良いでしょう。

②背景や前提を記述する

プロンプトを書く際には、まず「新商品についての会議がある」とか「就職の面接がある」など、ユーザーが置かれている「背景」を文章で記述しましょう。その際に、「あなたは就職の面接を受ける志望者です」など、Microsoft Copilotに役割を与えるのも効果的です。

③表現方法を指定する

アウトプットの使用目的や相手に合わせて、「フォーマルな文体」や「カジュアルな感じ」などの文体、「箇条書き」や「表」などのスタイルなどを指定します。

④情報源を指定する

「このWebサイトから」とか「このファイルから」など、情報源を指定しましょう。また、「メリットとデメリットを5つずつ」や「リスクを10個」など、具体的な記述をリクエストする場合には、メリットの例とデメリットの例を挙げると精度の高い回答が得られます。

記号やカッコを使って指示をわかりやすくしよう

Microsoft Copilotに生成されたアウトプットの精度を上げるには、プロンプトに詳細に条件をわかりやすく書きこむ必要があります。また、条件や前提、フォーマットなどを長文の中に書き込むよりも、箇条書きにし、項目などを記号やカッコを使って強調すると良いでしょう。記号やカッコの使い方に、厳密なルールはありませんが、多用しすぎると分かりづらくなるので、適度に挿入しましょう。

代表的な記号
●ハッシュタグ (#)：キーワードなどを強調します。
●ハイフン (-)：箇条書きの先頭に挿入します。
●コロン (:)：項目名とその内容の区切りとして挿入します。

SECTION 35 検索のためのプロンプトのコツ

Key Word 検索のためのプロンプト

ビジネスでWeb検索にMicrosoft Copilotを利用する場合、商品の競合情報や機能比較情報、フィナンシャル情報、株式の情報など、公開されている情報の活用が多いようです。Webサイトから情報を入手して、ビジネスに活かしましょう。

スマートフォン市場の動向をレポート

業界の市場規模と市場動向についてのレポートをリクエストする例を挙げてみます。ここではスマートフォン業界の市場規模と市場動向についてのレポート生成を依頼しています。

Microsoft Copilotにコンサルタントという役割を与えて、リクエストすることで、専門性の高い回答を引き出しています。

プロンプト

あなたはスマートフォン関連業界のコンサルタントです。
2015年以降の日本国内における、スマートフォンの市場規模と、市場動向についてリサーチしてください。

回答

市場規模
2015年：日本のスマートフォン市場は約1兆円でした。
2020年：新型コロナウイルスの影響で急増し、約1.2兆円に達しました。
2021年：約1.3兆円で、前年比微増となりました。
2022年：約1.4兆円で、引き続き成長しています。

市場動向
5Gの普及：2019年から5Gサービスが本格的に始まり、2022年には全国的に5Gネットワークが整備されました。これにより、スマートフォンの性能向上とデータ通信の速度向上が進みました。

スマートフォンの多機能化：スマートフォンは、カメラ機能やセンサー技術の進化により、多機能化が進んでいます。特に、AI技術の導入により、写真やビデオの編集が簡単になりました。

サブスクリプションモデルの普及：サブスクリプションモデルが広がり、月額料金でスマートフォンをレンタルすることが一般的になっています。これにより、消費者はより頻繁に新しいデバイスを入手できるようになりました。

環境への配慮：スマートフォンメーカーは、リサイクルやエコフレンドリーな素材の使用に力を入れています。これにより、消費者の環境意識が高まり、エコ製品の需要が増加しています。

商品のランキングからトレンドを探る

売れている商品を分析して、最近の傾向を探り、そのデータを今後の企画に反映することはよくあります。しかし、まとめサイトなどで売れている商品を探すのは難しくないとしても、それをまとめて傾向を探り、必要なデータを引き出すのは骨が折れます。そういった、面倒な作業をMicrosoft Copilotに任せましょう。

プロンプト

2022年から2024年までのスマートフォン売上ベスト5を表形式で書いてください。そして、売上推移からわかるスマートフォンのトレンドとその傾向をレポートしてください。

回答

2022年から2024年までのスマートフォン売上ベスト5を表形式でまとめました。

年	1位	2位	3位	4位	5位
2022年	iPhone 14	Samsung Galaxy S22	Xiaomi Mi 12	OPPO Find X5	Vivo X70
2023年	iPhone 15	Samsung Galaxy S23	Xiaomi Mi 13	OPPO Find X6	Vivo X80
2024年	iPhone 16	Samsung Galaxy S24	Xiaomi Mi 14	OPPO Find X7	Vivo X90

次に、売上推移からわかるスマートフォンのトレンドと傾向についてレポートします。

スマートフォンのトレンドと傾向

①**Appleの支配的な地位**：iPhoneシリーズが毎年売上1位を維持しており、特に新モデルの発売時に大きな注目を集めています。

②**Samsungの安定した人気**：Samsung Galaxyシリーズも常に上位に位置し、特にSシリーズが人気です。新機能やデザインの改良が評価されています。

③**中国メーカーの台頭**：XiaomiとOPPOが急速に成長しており、特に価格競争力のあるモデルが人気です。これにより、高機能なスマートフォンが手軽な価格で手に入るようになっています。

④**カメラ機能の進化**：すべての上位モデルが高性能カメラを搭載しており、写真や動画のクオリティが重要なセールスポイントとなっています。

⑤**5G対応の普及**：5G対応スマートフォンが急速に普及し、ユーザーはより高速な通信速度を求めています。

今後必要とされる人材やスキルを占おう

来るべき未来に備えて人材を募集したり、今後必要になるスキルや能力を確認したりすることは、職場の未来に関わる重要なことです。想定される変化に対応すべき内容について、Microsoft Copilotを使ってリサーチしておきましょう。

プロンプト

生成AIの普及や携帯電話回線の5G促進など、デジタル環境の変化を踏まえて、ビジネスにどのような人材が必要とされるのか、その能力やスキルを5つ箇条書きで示してください。

回答

デジタル環境の変化に伴い、ビジネスに必要とされる人材の能力やスキルを5つ挙げます。

データ分析能力：大量のデータを処理し、洞察を引き出すスキルが必要です。特に生成AIの活用においては、データの収集・解析能力が重要です。

プログラミングスキル：AIや機械学習の技術を理解し、適用できる能力が求められます。PythonやRなどのプログラミング言語が有用です。

クリエイティブ思考：新しいアイデアを生み出し、生成AIを使った斬新な解決策を提供するための創造力が求められます。

サイバーセキュリティ知識：5Gやデジタルネットワークの拡大に伴い、セキュリティリスクも増加しています。そのため、セキュリティ対策の知識が必要です。

コミュニケーション能力：技術的な内容をわかりやすく説明し、チームやクライアントとの効果的なコミュニケーションを図る能力が求められます。

これらのスキルを持つ人材が、デジタル時代のビジネスにおいて重要な役割を果たします。

面接の質問とその回答を想定してもらう

修飾の面接に限らず、相手からの質問を想定し、その答えを用意しておくことは、ビジネスの中でとても重要なことです。

Microsoft Copilotに問答のカテゴリとテーマを与えて、適切な質問と回答を想定してもらいましょう。

プロンプト

出版社による就職の面接があります。あなたの前職は、書籍の編集者でした。今回は雑誌の編集職を志望しています。面接官による、質問を14個想定し、その質問に対する理想的な回答を箇条書きにしてください。質問の内容は次のWebサイトを参考にしてください。

参考Webサイト
・https//＊＊＊＊＊＊＊＊
・https//＊＊＊＊＊＊＊＊

回答

①自己紹介をお願いします。
私の名前は[名前]です。これまでに[会社名]で書籍の編集者として5年間働いてきました。今回は雑誌編集に新たな挑戦を求めて応募いたしました。

②書籍編集から雑誌編集への転職理由は何ですか？
雑誌編集はより速いペースでの作業が求められ、トレンドに迅速に対応する点に魅力を感じています。また、多様なコンテンツを扱う機会が多く、読者とのインタラクションも密接であるため、自分のスキルを活かせると考えています。

③雑誌編集において特に興味があるジャンルは何ですか？
ライフスタイルや文化、アートなどに特に興味があります。また、フィクションやノンフィクションの特集も編集してみたいです。

④書籍編集の経験が雑誌編集にどのように役立つと思いますか？
書籍編集で培った細部への注意力や物語構築のスキルは、雑誌の記事にも応用できると考えています。また、締め切りの厳守や著者とのコミュニケーション能力も大いに役立つと思います。

⑤最近読んだ雑誌の記事で特に印象に残ったものは何ですか？
最近読んだ[雑誌名]の特集記事が非常に印象的でした。トレンドを捉えた内容と独自の視点が興味深かったです。

⑥雑誌編集者として必要なスキルや特性は何だと思いますか？
細部への注意力、優れたコミュニケーション能力、そして柔軟性が重要だと考えます。また、トレンドを迅速にキャッチアップし、読者のニーズを把握する能力も求められます。

⑦タイトな締め切りにどのように対応しますか？
優先順位を明確にし、タスクを効率的に管理します。過去の経験を活かして、迅速かつ正確に作業を進めることで締め切りを守ります。

⑧雑誌の記事の構成や企画を考える際に大切にしていることは何ですか？
読者の興味を引く構成を心掛けています。また、情報の正確さや視覚的な魅力も重要視しています。

⑨チームでの仕事の進め方について教えてください。
定期的なミーティングやオンラインツールを使ったリアルタイムのコミュニケーションを大切にしています。協力と透明性を重視し、チーム全体の意見を反映させることを心掛けています。

⑩最も苦労した編集プロジェクトについて教えてください。
[プロジェクト名]の編集は非常にチャレンジングでしたが、チームの協力と創意工夫で成功させることができました。厳しい締め切りと複雑な内容に対応するために、細心の注意を払い作業しました。

⑪雑誌の記事改善の際に注意していることは何ですか？
著者の意図を尊重しつつ、読者の視点からも評価します。具体的なフィードバックを提供し、建設的な改善提案を心掛けています。

⑫デジタル版と紙媒体の雑誌編集で異なる点は何だと思いますか？
デジタル版ではインタラクティブな要素やSEO対策が重要となります。一方、紙媒体では視覚的なレイアウトや質感なども考慮する必要があります。

⑬自分のスキルをどのように向上させていますか？
業界の最新情報を常に追いかけ、セミナーやワークショップに参加しています。また、自主的に関連書籍を読むことで知識を深めています。

⑭この出版社での雑誌編集職に応募した理由は何ですか？
この出版社の多様なコンテンツと革新的な編集方針に魅力を感じています。また、業界での評判が高く、自己成長できる環境だと感じたためです。

法律のことはMicrosoft Copilotで確認しよう

どんなカテゴリの仕事でも、そこには必ずルールがあり法律があります。どんな法律があり、そんな規制があるのか知っておいた方が良いでしょう。また、今後の法整備の動向を知っておくことで、これから規制される内容を確認し、法に抵触しないよう先手を打っておきましょう。

プロンプト

あなたはAI関連に詳しい弁護士です。生成AIのビジネス利用において、法的に抵触する危険な行為と抵触する法律名、その予防策をすべて教えてください。また、今後、想定される法整備で規制されることをまとめてください。

回答

AIのビジネス利用において法的に問題となる行為、それに抵触する法律名、予防策、そして今後の法整備についてまとめました。

法的に問題となる行為
プライバシー侵害：AIが個人データを不適切に取り扱うこと。
データの不正取得：個人や企業のデータを不正に収集すること。
偽情報の拡散：AIが偽情報を生成・拡散すること。
差別的な意思決定：AIが人種、性別、年齢などに基づく差別的な意思決定を行うこと。
知的財産権侵害：AIが他人の著作権や特許を侵害すること。

抵触する法律名
個人情報保護法：個人データの取り扱いに関する規制。
不正アクセス禁止法：データの不正取得に対する規制。
著作権法：他人の知的財産権を侵害する行為に対する規制。
労働基準法：差別的な意思決定に対する規制。
公正取引委員会のガイドライン：偽情報の拡散に対する規制。

予防策
プライバシーポリシーの整備：個人データの取り扱いに関する明確なポリシーを設ける。
データの取得と利用の透明性：ユーザーに対してデータの取得と利用方法を明確に説明する。
AIの透明性と説明責任：AIの意思決定プロセスを透明にし、説明責任を果たす。
バイアスの監視と対策：AIシステムにおけるバイアスを監視し、対策を講じる。
知的財産権の尊重：他人の知的財産権を尊重し、適切なライセンスを取得する。

想定される法整備
AI倫理ガイドラインの強化：AIの倫理的な使用を促進するためのガイドラインの強化。
AI監視機関の設立：AIの使用を監視し、違反行為に対する罰則を設ける機関の設立。
データ保護法の見直し：データ保護法の見直しと強化。
AIの透明性と説明責任の強化：AIの透明性と説明責任を強化するための法整備。
バイアスの監視と対策の強化データ保護：データの取り扱いに関する規制を強化し、個人情報の保護を強化すること。

SECTION 36 画像生成のためのプロンプトのコツ

Key Word 画像生成のためのプロンプト

Microsoft Copilotの画像生成機能は、知識やテクニックがなくても、プロンプトで指定すれば、プロ並みのイラストを描くことができます。つまり、ユーザーのイメージ通りのイラストになるかどうかはプロンプト次第です。

Webサイトのバナーを作ろう

　Webサイトのバナーは、サイズが決まっていて、何かと作成に手間がかかります。気に入った画像を見つけても、肝心な部分がバナーのサイズに収まり切れなかったり、なかなか良いコピーが思いつかなかったりします。バナーは、まずMicrosoft Copilotに作ってもらって、そこからオリジナリティを加えると良いでしょう。

●プロンプト

あなたはプロの広告グラフィックデザイナーです。Webサイト用のバナーを生成してください。サイズは、縦500×横500ピクセルで、背景はピンクから薄い水色へのグラデーションにしてください。バナー上に「SALE Maximum70%OFF」と記載して、その下に柴犬の写真を挿入します。

ブログのイメージ画像を描いてもらおう

　ブログ記事に挿入できる写真やイラストが用意できていないときは、Microsoft Copilotに描いてもらいましょう。Microsoft Copilotにブログの記事を確認してもらい、その内容に合った画像をリクエストしましょう。ただし、漠然と「このブログの挿絵を描いて」とリクエストしても、どのシーンを描けばいいのかわからず、時間がかかることがあるので、シーンやイメージを伝えると良いでしょう。

●プロンプト

あなたはペン画家です。この小説の内容を踏まえて、深い冬の森の中で、たった1人でキャンプをする主人公のイメージをペン画で描いてください。

ブランドや企業のロゴを作ってもらおう

　ロゴをデザイナーにオーダーすると、かなりの費用が掛かりますが、Microsoft Copilotを利用するとかなりコストを抑えられます。まずはMicrosoft Copilotでたたき台を作成し、そこからイメージを膨らませると良いでしょう。プロンプトには、見た人に与える印象やロゴに込めたい思いなどを記述してみましょう。

●プロンプト

Studio Nomadeのロゴを作ってください。サイズは、500×500px。Studio Nomadeは編集プロダクションで、主にパソコン関係の書籍を執筆しています。ハッピーな印象を与えるロゴにしてください。

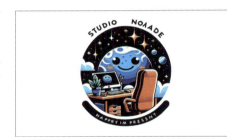 

イベントのポスターのたたき台を描いてもらおう

　イベント開催には、ポスターが大変重要な役割を果たします。それゆえ、コンセプトからイメージや構成、ロゴなど、細かな神経を使って作成します。まずは、Microsoft Copilotでさまざまなパターンのポスターを生成して、方向性を確認しましょう。その上で、イメージを固めて本格的なポスターのデザインにかかると良いでしょう。プロンプトには強調したい情報やイメージを書き込みましょう。

●プロンプト

あなたはグラフィックデザイナーです。「世界缶コーヒーフェスタ」のポスターを描いてください。世界200か国、3000種類以上の缶コーヒーが一堂に会するフェスティバルです。さまざまな人種の男女が缶コーヒーを手に談笑しているイメージで描いてください。日付は2025年2月28日　午前10時〜午後5時まで

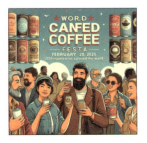 

SECTION 37　Excel で使えるプロンプトのテクニック

Key Word Excel で使えるプロンプト

Excelには、便利な機能が数多く搭載されていますが、操作手順が難しく、なかなか使い切れていないのが現状でしょう。しかし、Microsoft Copilotと連携すれば、高度な機能や操作を知らなくても、必要な表やグラフを簡単に作成できます。

住所録の名前にフリガナを表示させよう

使用頻度が低い関数は、関数を調べるところから始まるため、かなり手間がかかってしまいます。必要な関数を思い出せないときは、Microsoft Copilotに関数の記述を頼んでみましょう。どのデータを使って、どんなデータを求めているのかをはっきり示せば、セルに適切な関数を生成してくれます。

1 プロンプトを入力する

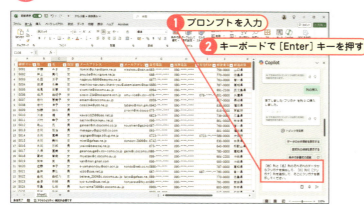

① プロンプトを入力
② キーボードで [Enter] キーを押す

① プロンプトに「[姓] 列と [名] 列のそれぞれのデータからフリガナを抽出して、[D] 列に [フリガナ] 列を追加して、そこにフリガナを表示してください」と入力し、キーボードで [Enter] キーを押します。

プロンプト▶ [姓] 列と [名] 列のそれぞれのデータからフリガナを抽出して、[D] 列に [フリガナ] 列を追加して、そこにフリガナを表示してください

2 回答の内容を適用する

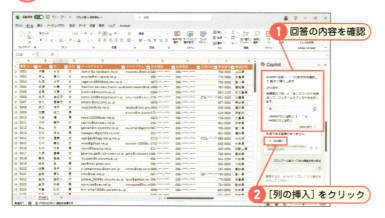

① 回答の内容を確認
② [列の挿入] をクリック

② 回答の内容を確認し、[列の挿入] をクリックします。

回答▶ A1:N107を調べ、1つの数式列を確認して、列Dに挿入します：
各顧客の「姓」と「名」のフリガナを結合して、フルネームのフリガナを生成します。=PHONETIC([@姓]) & " " & PHONETIC([@名])

③ [フリガナ] 列が追加されフリガナが表示された

③ [姓] 列と [名] 列のデータからフリガナが生成され、追加された [フリガナ] 列に表示されます。

都道府県と市区町村、番地のデータを結合する

住所のデータが、都道府県と市区町村、番地に分かれていることがあります。しかし、住所として1つのデータになっていた方が便利な場合もありますよね。住所のデータを結合したいときは、Microsoft Copilotに頼んでみましょう。

① プロンプトを入力する

① プロンプトに「[都道府県] と [市区町村] と [番地] のデータを結合し、そのデータを [住所] という列を [O] 列に作成して、そこに表示してください」と入力し、キーボードで [Enter] キーを押します。

プロンプト▶ [都道府県] と [市区町村] と [番地] のデータを結合し、そのデータを [住所] という列を [O] 列に作成して、そこに表示してください。

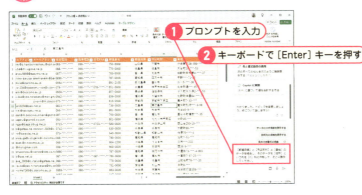

② 回答を適用する

② 回答の内容を確認し、[列の挿入] をクリックします。

回答▶ A1:N107を調べ、1つの数式列を確認して、列 [O] に挿入します：
都道府県、市区町村、番地を結合して、各顧客の完全な住所を作成します。
=[@都道府県]&[@市区町村]&[@番地]

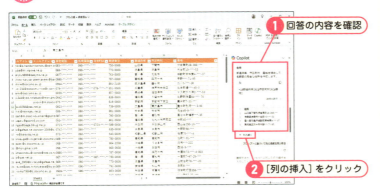

③ 結果が表示された

③ 都道府県と市区町村、それ以降の住所データが結合され、[住所]列に表示されました。

データをピボットテーブルで分析しよう

売上のデータから、顧客別に購入した商品名と単価、個数、売上を抽出など、特定のカテゴリやデータを分析したいときは、ピボットテーブルを利用しましょう。Excel で Microsoft Copilot に、分析したい内容をリクエストすると、ピボットテーブルでの分析が提案されるので、別のシートにピボットテーブルを追加し、編集して分析しやすいテーブルを作りましょう。

① プロンプトを入力する

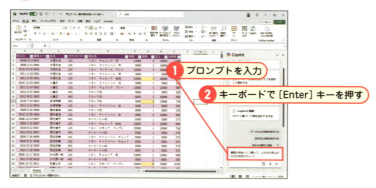

① プロンプトを入力
② キーボードで [Enter] キーを押す

① 売上のデータで、プロンプトに「顧客が何をいくつ買って、どれだけ売上げたのかを知りたい」と入力し、キーボードで [Enter] キーを押します。

プロンプト▶顧客が何をいくつ買って、どれだけ売上げたのかを知りたい。

② ピボットテーブルを追加する

① ピボットテーブルの内容を確認
② [新しいシートに追加] をクリック

② 回答にはピボットテーブルが示されます。内容を確認し、[新しいシートに追加] をクリックします。

160

③ [ピボットテーブルのフィールド] 作業ウィンドウを表示する

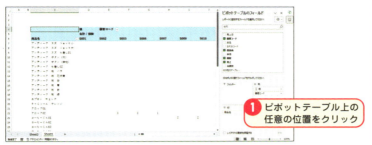

③ ピボットテーブルが新しいシートに追加されます。ピボットテーブルをクリックして、[ピボットテーブルのフィールド] 作業ウィンドウを表示します。

❶ ピボットテーブル上の任意の位置をクリック

④ 項目の配置を編集する

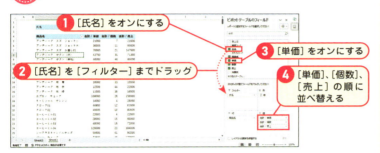

❶ [氏名] をオンにする
❷ [氏名] を [フィルター] までドラッグ
❸ [単価] をオンにする
❹ [単価]、[個数]、[売上] の順に並べ替える

④ [氏名] をオンにし、[フィルター] にドラッグして、[顧客コード] をオフにします。[単価] をオンにし、[単価]、[個数]、[売上] の順に配置します。

⑤ 絞りこむ条件を指定する

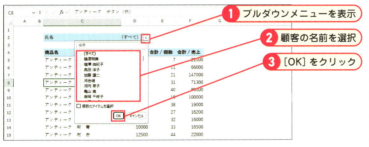

❶ プルダウンメニューを表示
❷ 顧客の名前を選択
❸ [OK] をクリック

⑤ [氏名] のプルダウンメニューを表示し、顧客の名前を選択し、[OK] をクリックします。

⑥ 必要なデータが表示された

⑥ 顧客別の購入商品、個数、売上などを分析できます。

SECTION 38 Wordで使えるプロンプトのテクニック

Key Word Wordで使えるプロンプト

WordでMicrosoft Copilotを利用すると、文書を生成したり、修正したりすることができます。しかし、あいまいな指示を出すと、おおざっぱな回答が返ってきます。プロンプトには、生成する文書の目的や種類、内容、文体に至るまで、できるだけ詳しく設定しましょう。

企画書の下書きを生成しよう

企画書は、企画の魅力を伝えて、予算や日数を確保するための書類です。そのため、簡潔でありながら魅力を伝える説得力がなければなりません。企画書を作成する際には、フォーマットにパワーを掛けるのはもったいないことです。Microsoft Copilotに下書きをしてもらって、内容を充実させることに注力しましょう。

1 プロンプトを入力する

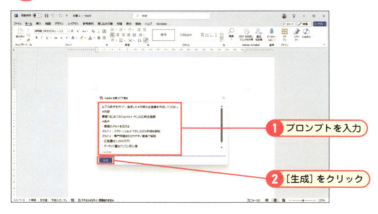

1 プロンプトを入力
2 [生成]をクリック

① 新規文書を作成すると表示される[Copilot]のアイコン🖉をクリックして、[Copilotを使って下書き]ダイアログボックスを表示します。上記プロンプトを入力し、[生成]をクリックします。

> プロンプト▶以下の条件を守って、指定した#内容の企画書を作成してください。
> #内容
> 書籍「はじめてのCopilot+ PC」の広報企画案
> #条件
> - 書籍のメリットを伝える
> メリット1：スクリーンショットで示しながら手順を解説
> メリット2：専門用語をわかりやすい言葉で解説
> - 広告費は1,000万円
> - ターゲット層はパソコン初心者
> - 販売目標を設定すること

2 回答を保持する

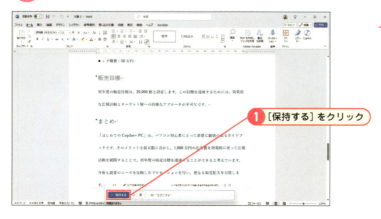

1 [保持する]をクリック

② [保持する]をクリックして、生成された文書を適用します。

③ 文書を完成させる

③ 生成された文書を下書きとして編集し、文書を完成させます。

文書はポイントと文字数を絞って要約しよう

Microsoft Copilotに「この文書を要約して」とだけリクエストすると、確かに全体からまんべんなく情報を収集して短くまとめることができます。しかし、文書を要約する意味がぼやけてしまい、論点がずれてしまいかねません。この場合、プロンプトでフォーカスして欲しい論点を明示し、文字数を指定しましょう。

① プロンプトを入力する

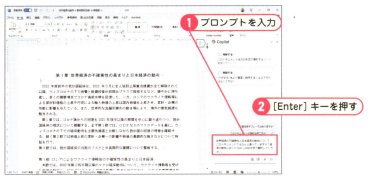

① 目的の文書を開いて、[ホーム] リボンにある [Copilot] をクリックして、[Copilot] 作業ウィンドウを表示します。プロンプトに「世界経済の不確実性と日本経済の動向について、このドキュメントではなんと言っていますか？経済の動向に絞って1500～2000文字で要約してください」と入力し、キーボードで [Enter] キーを押します。

> プロンプト ▶ 世界経済の不確実性と日本経済の動向について、このドキュメントではなんと言っていますか？経済の動向に絞って1500～2000文字で要約してください。

② 要約文をコピーする

② 要約文が生成されるので、最下部にある [コピー] をクリックします。

163

③ 要約文を完成させる

③ 新規文書にコピーした要約文を貼り付けて、編集します。

サンプルテキストを作ってもらおう

　展示会のコンテンツや手順解説の中で、サンプル文書が必要な場合があります。そんな場合は、Microsoft Copilotに作ってもらいましょう。そういった記事を作ったり探したりする手間を省くことができます。サンプル文書生成のプロンプトは、文字数を提示した方が良いでしょう。

① プロンプトを入力する

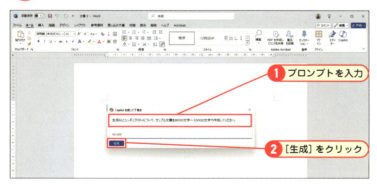

① 新規文書を作成すると表示される［Copilot］のアイコン をクリックして、［Copilotを使って下書き］ダイアログボックスを表示します。上記プロンプトを入力し、［生成］をクリックします。

プロンプト▶生成AIとシンギュラリティについて、サンプル文書を1500文字～2000文字で作成してください。

② 回答を文書に適用する

② ［保持する］をクリックし、生成された文書を適用します。

164

SECTION **Key Word** PowerPointで使えるプロンプト

39 PowerPointで使える プロンプトのテクニック

PowerPointは、Microsoft Copilotを利用することでプレゼンテーション作成の効率が大幅に上がります。プレゼンテーションの内容をプロンプトに丁寧に設定することが、精度の高いプレゼンテーションの生成に結び付きます。

新商品のプレゼンテーションの下書きをリクエストしよう

新商品のプレゼンテーションでは、オーディエンスにいかに新商品を印象付けられるかがポイントとなります。デザインや新機能、最新技術などをインパクトのある方法とタイミングで紹介したいところです。新商品のプレゼンテーション生成をMicrosoft Copilotに依頼する場合は、記号やカッコを使って、わかりやすく商品に関する詳細な情報を伝えましょう。

① プレゼンテーションの生成画面を表示する

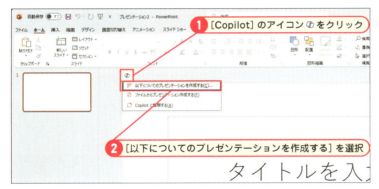

① [Copilot]のアイコンをクリック
② [以下についてのプレゼンテーションを作成する]を選択

① 新規プレゼンテーションを作成し、表示される[Copilot]のアイコン⑰をクリックし、メニューで[以下についてのプレゼンテーションを作成する]を選択します。

```
#背景
あなたはエバンジェリストです。製品発表会で、誰にでもわかるように、自社製品の魅力を紹介し、最新のテクノロジーを印象付けられるプレゼンテーションをします。

#目的
AIフォン「PhonePhone」のプレゼンテーションの生成

#情報
スライドのタイトル：最強AIフォン「PhonePhone」誕生！
必ず入れて欲しい内容：
-MicrosoftのAI「Copilot」を標準搭載
-最新NPU搭載でリクエストを内部処理
-Copilot Proを6か月間無料
-1TBのOneDrive容量を使い放題
-5Gミリ波に対応
-PhonePhoneの長所

#ルール
・スライドタイトルページと目次を付ける
・プレゼンテーションが20分で収まる枚数
```

② プロンプトを指定する

① プロンプトを入力
② ➔をクリック

② 上記プロンプトを入力し、➔をクリックします。

165

③ スライドを生成する

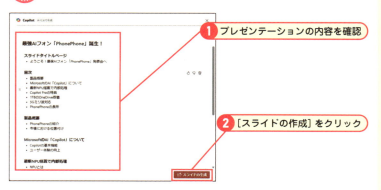

③ スライドの構成が表示されるので、内容を確認し、[スライドの作成]をクリックします。

④ プレゼンテーションが生成された

④ プレゼンテーションが作成されます。好みのデザインを適用し、内容を修正して、プレゼンテーションを完成させます。

プレゼンテーションを要約しよう

　スライドの枚数が多いプレゼンテーションは、1枚ずつ丁寧に読み込んで全体を把握するのが大変です。この場合は、Microsoft Copilotでプレゼンテーションの要約を作成し、大まかな情報を確認してから、読み込んでみると良いでしょう。プレゼンテーションの要約を生成する際、文字数と焦点を当てたいキーワードを絞ると、よりわかりやすくなります。

① プレゼンテーションの要約をリクエストする

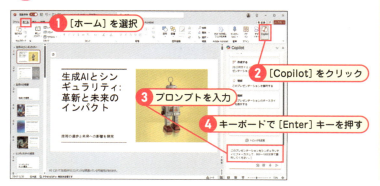

① 目的のプレゼンテーションを開き、[ホーム]リボンを表示して、[Copilot]をクリックします。プロンプトに「このプレゼンテーションをシンギュラリティにフォーカスして、800〜1000文字で要約してください」と入力し、キーボードで[Enter]キーを押します。

プロンプト▶このプレゼンテーションをシンギュラリティにフォーカスして、800〜1000文字で要約してください。

❷ 要約文をコピーする

❷ プレゼンテーションの要約文が表示されるので、末尾の［コピー］をクリックして、要約文をコピーします。

❸ コピーした要約文をWordに貼り付ける

❸ Wordの新規文書にコピーした要約文を貼り付けます。

💡ヒント　プレゼンテーションを整理する

資料や参考文書などからプレゼンテーションを生成すると、抽出された情報が羅列されるだけのことがあります。これでは、プレゼンテーションの言いたいことがぼやけてしまい、効果が薄れてしまいます。このような場合は、プレゼンテーションの整理を実行してスライドをカテゴリで分類しましょう。プレゼンテーションを整理するには、［Copilot］作業ウィンドウで［プロンプトを表示する］のアイコン 🗒 をクリックし、メニューで［編集する］→［このプレゼンテーションを整理する］を選択します。

▲［プロンプトを表示する］🗒 のメニューで［編集する］→［このプレゼンテーションを整理する］を選択します

SECTION 40 Outlookで使えるプロンプトのテクニック

Key Word ▶ Outlookで使えるプロンプト

Outlookでは、Microsoft Copilotを利用するとメールを生成したり、要約したりすることができ、業務の効率を大きく高めることが可能です。また、クライアントへのプロモーションメールやメールマガジンなどは、テンプレートを作っておいても便利です。

通知メールを作成しよう

Outlookでは、Microsoft Copilotを利用してメールを生成することができます。ビジネスメールは、クライアントに失礼にならないように要点を簡潔に書き、しかも、相手の気持ちを動かせるようなインパクトも必要です。このようなビジネスメールは、Microsoft Copilotに下書きを書いてもらいましょう。精度の高いメールを作成するには、相手に伝えたい内容をできるだけ詳しく、文体やニュアンスまで指定すると良いでしょう。

① [Copilotを使って下書き] ダイアログボックスを表示する

① [Copilot] をクリック
② [Copilotを使って下書き] を選択

① 新規メール作成画面のツールバーで [Copilot] のアイコンをクリックし、[Copilotを使って下書き] を選択します。

> プロンプト▶クライアントに向け生成AIセミナー開催のお知らせメールを生成してください。セミナーの内容は次の通りです。
> #内容
> セミナーのタイトル：生成AIの時代がやってきた
> セミナーの内容：生成AIの概要とメリット、デメリット、リスクについて。そして、想定される変化と影響について解説。
> セミナー講師：山田喜八郎
> セミナー日時：2024年12月10日　13:30〜14:30
> 場所：弊社プレゼンテーションホール

② プロンプトを指定してメールを生成する

① プロンプトを入力
② [生成] をクリック

② 上記プロンプトを入力し、[生成] をクリックします。

③ メールを適用する

① メールの内容を確認
② [保持する] をクリック

③ メールの内容を確認し、[保持する] をクリックします。

④ メールの下書きが適用された

④ メール作成画面に適用されます。編集してメールを完成させます。

テンプレートを作成しよう

　セミナー開催のお知らせや上司への報告メールなど、メールの構成や内容にパターンがある場合は、テンプレートを作成しましょう。必要項目を箇条書きにしたいときは、項目の先頭に「・(中黒)」や「－(ハイフン)」を付け、項目の末尾には「：(コロン)」を付けて記述すると良いでしょう。

① プロンプトを指定しメールを生成する

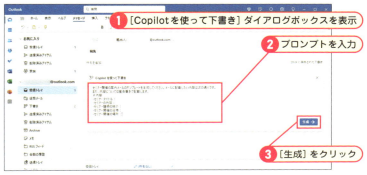

① [Copilotを使って下書き] ダイアログボックスを表示
② プロンプトを入力
③ [生成] をクリック

① [Copilotを使って下書き] ダイアログボックスを表示し、上記プロンプトを入力し、[生成] をクリックします。

> プロンプト▶セミナー開催の案内メールのテンプレートを生成してください。メールに記載したい内容は次の通りです。また、内容については箇条書きで記載します。
> #内容
> ・セミナータイトル：
> ・セミナーの内容：
> ・セミナー講師の紹介：
> ・セミナー開催の日時：
> ・セミナー開催の場所：

6 Microsoft Copilotを毎日のビジネスに応用する

169

② メールを適用する

② 生成されたメールの内容を確認し、[保持する] をクリックします。

③ テンプレートが生成された

③ メール画面に生成されたメールが適用されます。画面右上の3つの点のアイコンをクリックし、メニューで [名前を付けて保存] を選択します。

④ テンプレートが保存された

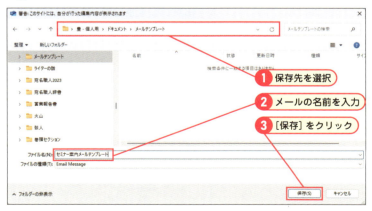

④ テンプレートの保存先を選択し、メールメッセージファイルの名前を入力して、[保存] をクリックし、メールを保存します。

ヒント　プロンプトに困ったらCopilot Labを利用しよう

「Copilot Lab」は、あらかじめ用意されているプロンプト集です。プロンプトを[質問する]、[理解]などのタスクや[人事]、[小売]といった職種で絞り込むことができます。Copilot Labを表示するには、WordやExcel、PowerPointでは、プロンプト入力ボックスの下部にある[プロンプトの表示]アイコンをクリックすると表示されるメニューで、[その他のプロンプトを表示する]を選択します。

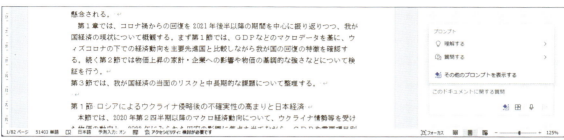

▲[プロンプトの表示]アイコンをクリックし、表示されるメニューで[その他のプロンプトを表示する]を選択します

▲Copilot Labが表示されるので、目的のプロンプトをクリックします。[タスク]や[業種]のプルダウンメニューで、プロンプトを絞り込むこともできます

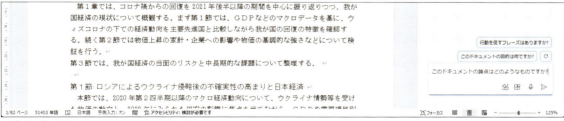

▲プロンプトが入力されるので編集して送信します

用語索引

●英字

Adobe Firefly	18
ChatGPT	19
Cocreator	91
Copilot	18
Copilot for Microsoft 365	21、119
Copilot in Edge	60
Copilot in Windows	21
Copilot Pro	21、26、118
Copilot Pro加入	120
Copilot+PC	14、20
Copilot+PC独自機能	88
Copilotアイコン	32
Copilotアプリ	32
Copilotアプリインストール	58
Copilotウィンドウ	33
Copilot画面構成	34
Copilotキー	32
Copilot作業ウィンドウ	60、123
Copilotとチャット	37
Copilotに質問	62
Copilotボタン	26、123
Copilotを使って下書き	143
CPU	15
Excel	27、122
Excelで開く	53
Excelのプロンプト	158
GPU	15
Microsoft Copilot	17、21、119、122
Microsoft Copilotからのアドバイス	146
Microsoft Surface	14
Microsoftアカウント	120
Notebook	35
NPU	14
OpenAI	20
Outlook	30、142
Outlookのプロンプト	168
PDF分析	69
PDF要約	68
PowerPoint	29、137
PowerPointのプロンプト	165

Runway	19
SNSへの投稿を生成	67
SoC	15
VOICEVOX	19
Web版Microsoft 365	121
Webページの翻訳	72
Webページ要約	66
Windows Studioエフェクト	24、89、105
Windows11	20
Word	28、132
Wordに書き出す	64
Wordのプロンプト	162
Xに投稿	56
Youtube動画ハイライト生成	73
Youtube動画要約	73

●あ行

アイコンタクト機能	108
アイデア候補	99
新しい会話	39
新しいトピック	39
アニメ	93、96、103
油絵	93、96
アンインストール	33
イメージ画像生成	157
イメージクリエイター	25、88、98
イラスト作成	25
イラスト生成	46、90
インクスケッチ	93、96
印象派	103
インターネット	23
映像化	25
英単語を調べる	70
エクスポート	54、63
エクスポート先	55
音声生成AI	19
音声で質問	43
音声ファイルダウンロード	113
音声フォーカス有効	109

●か行

絵を別のトーンで生成	80
回答標示	63
回答をWebに書き出す	63
会話	40
会話再表示	40
会話のスタイル	50
会話の整理	42
会話の名前	41
会話の履歴	42
会話評価	53
会話読み上げ	38
会話をSNSに投稿	56
会話をWebに書き出す	54
会話をWordに書き出す	55
会話を印刷	57
過去の会話	40
箇条書き表作成	136
画像共有	49
画像生成AI	18
画像生成の条件	81
画像生成のプロンプト	156
画像ダウンロード	48
画像で質問	44
画像添付	44
画像の生成	79
画像の文字を検索	71
キャプション言語	112
キャプション配置設定	114
キャンバスに適用	97
強調表示	125
クイック設定	106
グラフ作成	27
グラフ生成	131
クリエイティブフィルター	107
クロック周波数	16
形式	75
言語の変更	115
検索プロンプト	152
厳密に	51
コア数	16
合計値表示	130
コクリエイター	24、88
コロン	151

●さ行

サイバーリンク	103
作成タブ	61
参照Webサイト	37
サンプルテキスト生成	164
辞書として使う	70
下書き生成	75、132、162
質問の回答	37
質問の編集	86
質問のリセット	125
質問を提案	67
自動フレーム化	109
字幕	25
写真から生成	94
写真の情報	45
修正案提示	134
シュルレアリスム	103
条件を追加	47
情報元サイト	38
新規メール生成	143
水彩	93、96、103
スクリーンショットの範囲	71
スクリーンショットを追加	71
スタイル	93
スタイル選択	102
スタジオ効果	106
スライド画像編集	139
スライド生成	139
スライド整理	140
スレッド数	16
生成AI	15、17
生成画像保存	48
創造性	93
創造性適用量	96
創造性の適用量	103
創造的に	50

●た・な行

タイトル編集	41
タイムライン	74
チャート作成	27
チャットタブ	61
通知メール生成	168
データ処理	27
データ抽出	65

データ並べ替え	127
データの集計	129
データの統合	159
データ分析	27
テーブルとして書式設定	122
テーブルのスタイル	122
手書きイラスト	92
テキストAI	19
テキストから画像生成	79、101
テキストから生成	46
デザイナー	46
テンプレート生成	169
動画生成AI	19
トーン	75
独自機能	24
特殊効果	103
長くする	144
日本語への翻訳	72

●は行

パートナー	23
背景ぼかし	107
ハイフン	151
ハイライトを日本語に翻訳	73
ハッシュタグ	151
バリエーション作成	100
ピクセルアート	93、96、103
ビジネスメール作成	75
ビデオのハイライトを生成する	73
ピボットテーブル	27
ピボットテーブル分析	160
表生成	136
ファンタジー	103
フォト	88
フォトアプリ	98
プラグイン	35、83
プラグイン一覧	84
プラグイン選択	83
プラグイン有効	85
フリガナ生成	158
プレゼンテーション構成	138
プレゼンテーションの下書き	165
プレゼンテーションの生成	29
プレゼンテーションの要約	29、166
ブログの下書き生成	77

ブログのトーン	78
プロフェッショナル	75
プロンプト	36、148
プロンプトの書き方	148
プロンプトの重要性	149
プロンプトのテクニック	150
プロンプトの表示メニュー	126
文書作成	75
文書生成	28
文書要約	133
分析情報を深堀	69
ペイントアプリ	90
ページの概要を生成する	66
ペーパークラフト	103
ポートレートライト	106
保存オプション	104

●ま・や行

メール	75
メールコピー	76
メール生成	30
メール編集	145
メール要約	30、142
目次案作成	76
文字数設定要約	163
物語の生成	51
要約	28

●ら行

ライブキャプション	25、89、110
ライブキャプション設定	111
リアルタイム字幕	110
理解の機能	141
リスタイル	25、88、98、102
リモート会議	24
ルネッサンス	103
レコード抽出	128
レコードの非表示	124
レシピのプラグイン	83
レポート生成	51
レポート表	52
ロゴ生成	157

■著者紹介

Studioノマド

ITやパソコンなどデジタルカテゴリーを得意とする著者の有志。これまでにSNSやITを中心に50冊以上の著作実績がある。読者には「難しいことをわかりやすく」、「簡単なことを興味深く」をモットーに丁寧な解説文が評判である。図版を用いた解説も、パソコンやスマートフォンの実際の画面とリンクしたきめ細かな図解が得意。

■DTP

金子 中

■編集

MK Creative Products

■協力

日本マイクロソフト

はじめての
Windows11 Copilot+PC
（ウィンドウズ　コパイロットプラスピーシー）

発行日	2024年12月1日　　第1版第1刷
著　者	Studioノマド（スタジオ）

発行者	斉藤　和邦
発行所	株式会社　秀和システム
	〒135-0016
	東京都江東区東陽2-4-2　新宮ビル2F
	Tel 03-6264-3105（販売）Fax 03-6264-3094
印刷所	株式会社シナノ　　　　　　Printed in Japan

ISBN978-4-7980-7387-3 C3055

定価はカバーに表示してあります。
乱丁本・落丁本はお取りかえいたします。
本書に関するご質問については、ご質問の内容と住所、氏名、
電話番号を明記のうえ、当社編集部宛FAXまたは書面にてお送
りください。お電話によるご質問は受け付けておりませんので
あらかじめご了承ください。